中学入試

算数

授業の実況中継

迫田 昂輝

GOGAKU SHUNJUSHA

はじめに

　こんにちは！ 迫田昂輝（さこだこうき）です。この本は，ひととおり中学受験の算数を学習した小学5・6年生のみなさんに，さらに算数の理解を深め，成績をアップしてほしいという願いを込めて作りました。入試演習などに本格的に取り組む前の段階で取り組んでほしい参考書です。

　これまで私は，数多くの受験生に算数の授業をしてきました。その中には「なんとなくの解き方は知っているけど，何でこうやったら解けるのかわからない」，「パターンは暗記しているけど，少し問題をひねられるとわからない」という状態になる人が多くいました。

　それらのみなさんに共通しているのは，**「正しく理解をして，正しく考え，正しく解く」**という，**「正しい勉強」**をしていないことです。算数，また将来，中学校，高校で学習する数学というのは，難しく言えば，究極的に**論理を突きつめた学問**です。

　「正しい勉強」とは，その論理（正しい筋道）に沿った学習の仕方です。「なぜかわからないけど，とりあえずこんな感じで解いていけば，答えが出る」といった勉強の仕方で，目の前のテストの点が取れたとしても，中学入試，その先の高校の数学で必ずつまずくことになります。

　脳に汗をかきながら**「なぜ，そのような解き方をするのか」**をじっくり考え，納得しながら各問題に取り組んでほしいと思います。

　とはいえ，中学入試「算数」の問題は，小学校の教科書を理解していれば解ける問題ばかりではありません。ときに高度な設定の問題が出題されたり，中学生や高校生でも手を焼くような問題がひんぱんに出題されたりします。

　そういった問題を解いていくためには，ある一定の知識が必要になります。「鶴亀算」や「旅人算」などの使い方や，「相似」や「回転体」といった知識が必要な問題も数多くあります。

本書では，基礎<ruby>基<rt>き</rt></ruby><ruby>礎<rt>そ</rt></ruby>的な問題から入試レベルの応用問題まで幅広く<ruby>扱<rt>あつか</rt></ruby>っていて，難易度にかなりのバラつきがあります。

　しかし，各テーマの代表的な問題を扱いながら，基本となる知識や考え方，発想の仕方を学習するため，あえてそのように設計してあります。**土台となる考え方を身につければ，入試レベルの問題でも必ず解くことができるんだ！** と実感してもらえるとうれしいです。

　本書では，私のふだんの授業をできる限り再現し，一問一問の解説をていねいに講義しています。一回では解けない問題，解説がすぐには理解できない問題も出てくるかもしれませんが，その問題を通じて，自分には**基本のどこの部分の理解があいまいだったのか，そこをどう考えて，解答につなげていけばよいのか**をいっしょに学んでいきましょう。

　私はこれまで，中学受験の算数指導だけでなく，高校受験，大学受験のための数学の指導もしてきました。数多くの算数・数学で<ruby>悩<rt>なや</rt></ruby>める受験生たちを見てきましたが，そうしたみなさんも，**正しい勉強の仕方**を積み重ねることで，確実に実力と自信を身につけていきました。
　あきらめず，最後まで<ruby>粘<rt>ねば</rt></ruby>り強く読破してください！ 目標は１つ。

　　<ruby>俺<rt>おれ</rt></ruby>たちには合格しかない！

迫田 昂輝

◆ 授業の内容 ◆

第4章 平面図形

第5章 立体図形

表記のルール

　本書では，中学校以降の「数学」で学習する記号や用語も使って授業をしていくよ。この他にも，いろいろな記号や用語が出てくるけど，意味や使い方をきちんと本文で説明しているから，安心して取り組んでね。

《場合の数と規則性》

　$_nP_r$（順列）…異なる n 個のものの中から r 個を選んで並べる方法の総数

　$_nC_r$（組み合わせの数）…異なる n 個のものの中から r 個を選ぶときの，組み合わせの数

　！（階乗）…ある正の整数から 1 までの整数の積

　等差数列…差が等しい数列

　階差数列…次の数との差を並べた数列

　公差…等差数列におけるとなり合う 2 つの項の差

《平面図形／立体図形》

　同位角，錯角…右の図

　n 角形の内角の和 $= 180° \times (n - 2)$

　多角形の外角の和…必ず $360°$

　三角形の外角の定理…三角形の 1 つの外角は，
　　　　　　　　となり合う内角以外の
　　　　　　　　2 つの内角の和に等しい

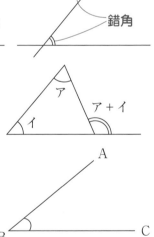

　△ ABC…三角形 ABC

　∠ ABC または ∠ CBA または ∠ B…右図の角度

　相似な図形…形が同じで大きさがちがう図形

　相似比…相似な図形における，対応する辺どうしの比

　△ ABC ∽ △ DEF…△ ABC と △ DEF が相似（頂点の順番もそろえる）

　△ ABC ≡ △ DEF…△ ABC と △ DEF が合同（頂点の順番もそろえる）

　AB // CD…直線 AB と直線 CD は平行

　AB ⊥ CD…直線 AB と直線 CD は垂直

　垂線の足…ある直線に下ろした垂線とその直線の交点

第1章
基本事項の確認

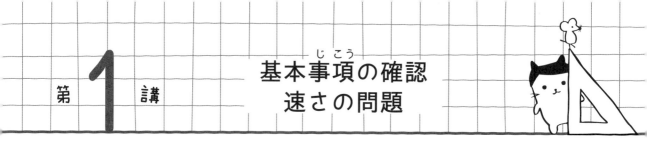

基本事項の確認
速さの問題

　さあ！ それでは本格的に算数の授業を始めていくよ！ まず，みんなが小学校で学習している内容の中で，特に重要だと思う基本事項をまとめていくからね。特に次の 2 つの項目（こうもく）の復習をしていこう。

　　・速さ

　　・割合と比

　これらをしっかりと復習してから，本格的な学習に進んでいくことにしよう！ まずは，速さの単元から復習をしていくよ。

　ではさっそく，次の問題を解いてみよう。

問題 1

　15 分で 11 km 進む乗り物の時速は何 km ですか。

単位時間に進む道のり

　速さについて，改めて学習をしておこう！
　速さは，

$$（平均の速さ）＝（移動した道のり）÷（移動にかかる時間）$$

$$または$$

$$（平均の速さ）＝\frac{（移動した道のり）}{（移動にかかる時間）}$$

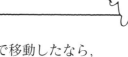

と習ったよね。例えば，車で 80 km の道のりを 2 時間で移動したなら，

　　$（平均の速さ）＝ 80 ÷ 2 ＝ 40$

となるわけだ。このときの単位は**時速 40 km** と表すんだけど，これを **40 km/h** と表すこともあるんだ。h は時間(hour)の意味で，**分速 20 m** ならば **20 m/m**（分母の m は分を表す minute），**秒速 5 cm** ならば **5 cm/s**（分母の s は秒を表す second）となるんだ。

「道のりの単位 / 時間の単位」の形になっているので，わかりやすいよね。

　ここで，「平均の速さ」としているのは理由があるんだ。80 km の道のりを 2 時間で移動したとき，車が出発してから到着するまで，ずーっと時速 40 km 移動していたわけではないよね。だって，停止した状態からいきなり時速 40 km にはならないでしょ？1 km/h → 5 km/h → 10 km/h → 15 km/h → 20 km/h →…と，徐々にスピードが上がっていくはずだよね？

　あと，信号で停止したりも考えられるから，時速 40 km というのはあくまでも「もし一定の速さで移動したと仮定したときの速さ」だったわけだ。なので，「平均の速さ」っていうんだ。

　算数の問題で「速さ」と聞かれたときは，「平均の速さ」のことを意味していると理解しておこう！

　さて，「速さ」の意味がわかると，このように解釈することができるよ。

時速 40 km	…	1 時間で 40 km 進むことができる。
分速 20 m	…	1 分で 20 m 進むことができる。
秒速 5 cm	…	1 秒で 5 cm 進むことができる。

すごく当たり前のことを言っているんだけど，これがちゃんとわかっているかな？

　さて，15 分で 11 km 進む乗り物の時速を求めるんだけど，時速は「1 時間で進む道のり」だよね？ 1 時間は 60 分だから，15 分の 4 倍だ。ということは，**進む道のりも 4 倍**になるはずなので，

　　　$11 \times 4 = \textbf{44}$

つまり，**時速 44 km** ということになる。

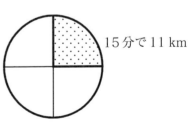

15分で11 km

　もしこれを，次のように計算するととても大変だ。

　まず，15 分で 11 km 進むから，分速を求めて，

　　　$\dfrac{11}{15}$ (km/m)

これを時速に直すと，

　　　$\dfrac{11}{15} \times 60 = 44$ (km/h)

と求めることができる。

だけど，この計算ははっきり言って無駄（むだ）が多い。速さというのは，「1時間（，1分，1秒）あたりにどれくらい進むのか？」ということなんだから，速さの意味を考えてシンプルに計算できるようになろう！

　この1時間，1分，1秒などを「単位時間」と呼ぶんだけど，結局速さは「単位時間あたりに進む道のり」ということなんだ。

（速さ）＝（単位時間あたりに進む道のり）
＊単位時間とは，1時間，1分，1秒などのこと

答え

時速 44 km

▶ 問題2

　1分で2Lの水が出る蛇口Aと1分で3Lの水が出る蛇口Bがあります。A，B2つの蛇口を使って，容積が60Lの水そうを満杯にするのにかかる時間を求めなさい。

◤ 単位時間あたりの変化

　あれ？　速さの問題に見えないって？　これは立派な速さの問題なんだ。というのも，蛇口Aは「1分で2Lの水が出る」わけだよね？　これは「水の出る速さ」と考えることができる。「分速2L」のように考えると，速さとしてのイメージがふくらみやすいよ。

　2つの蛇口を合わせると，

$$2(L) + 3(L) = 5(L)$$

だから，蛇口A，Bを両方使った場合，**分速5L**で水が出ることになる。そして，**水そうの容積60Lというのは道のり**のイメージだ。

　つまり，蛇口Aと蛇口Bの2つの蛇口によって，60Lの水を満杯にするのにかかる時間は，

$$60 \div 5 = 12 \text{（分）}$$

と求めることができるんだ。

　一見すると速さの問題に見えなくても，「単位時間あたりの変化」を考える問題は，すべて速さの問題と同じように考えることができるんだ！

> 一見すると速さの問題に見えなくても，単位時間あたりの変化を考える問題は，速さの問題と同じように考える。

◤ 答え

12分

◤ 問題3 ▷

家から学校まで，理穂さんは分速100mで，妹の華子さんは分速80mで歩きます。2人が学校に到着するまでにかかる時間を，もっとも簡単な整数の比で表しなさい。

◤ 速さの比と時間の比の関係 ▷

家から学校までの道のりがわからないので，仮に800mだとしよう。すると，登校にかかる時間の比は，

$$\frac{800}{100} : \frac{800}{80} = 8 : 10 = \mathbf{4 : 5}$$

と求められる。

さて，仮に道のりを800mとしたけれど，実は何でもいいんだ。何でもいいから，1としてみよう。1kmでも1mでもなく，ただの1としてみよう。すると，登校にかかる**時間の比**は，

$$\frac{1}{100} : \frac{1}{80} = \mathbf{4 : 5}$$

と，同じように求めることができる。結局のところ，

$$(時間) = \frac{(道のり)}{(速さ)}$$

で求められるんだけど，**道のりが同じ場合は，速さの比の逆比が時間の比になるんだ。**これを文字を使って表すとこうなるんだ。

Aの速さをa，Bの速さをbとするとき，道のりdを移動する時間の比は，

$$\frac{d}{a} : \frac{d}{b} = \frac{1}{a} : \frac{1}{b} \quad ←速さの比の逆比$$

◤ 答え ▷

4 : 5

　60 km の道のりを，行きは時速 20 km で，帰りは時速 30 km で往復したときの平均の速さを求めなさい。

平均の速さ

　この問題，20 (km/h) と 30 (km/h) の平均をとって，

　　$(20 + 30) \div 2 = 25 \,(\text{km/h})$

と答えてしまう人がとても多いんだ。たしかに，20 と 30 の平均は 25 なんだけど，これは「**平均の速さ**」ではないんだ。**平均の速さ**というのは，

$$(\text{平均の速さ}) = \frac{(\text{移動した道のり})}{(\text{移動にかかる時間})}$$

と考えるんだけど，これはまさに，みんなが習った速さの定義そのものだね！

　往復したときの平均の速さも，「**移動した道のり**」と「**移動にかかる時間**」を考える必要があるよ。

　この問題の場合，行きにかかる時間は，

　　$60 \div 20 = 3 \,(\text{時間})$

帰りにかかる時間は，

　　$60 \div 30 = 2 \,(\text{時間})$

だね。往復では $2 + 3 = \mathbf{5}\,(\textbf{時間})$ かかったことになる。このとき，往復の道のりは $60\,(\text{km}) \times 2 = \mathbf{120}\,(\textbf{km})$ になるから，平均の速さは，

　　$120 \div 5 = \mathbf{24}\,(\textbf{km/h})$

となるんだ。

　20 と 30 の平均は 25 だけど，時速 20 km と時速 30 km で往復したときの**平均の速さは時速 24 km** になるんだ。ここがとても間違えやすいので注意が必要だよ。

　これは，**面積図**を使って次のように考えることもできる。**長方形の縦の長さを速さ，横の長さを時間**とすれば，

　　$(\text{縦の長さ}) \times (\text{横の長さ}) = (\text{面積})$

に対応して，

　　$(\text{速さ}) \times (\text{時間}) = (\text{道のり})$

となるから，**面積が道のりを表している**んだ。

面積図を利用すれば，この問題は次の図のように
表すことができるよ。

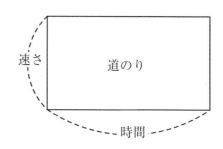

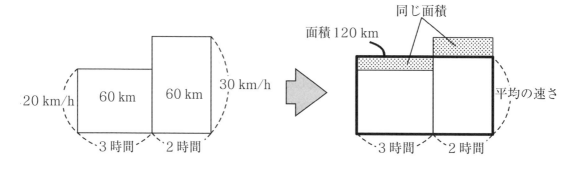

$$120 \div 5 = 24\,(\text{km/h})$$

答え

時速 24 km

基本事項の確認
割合

次に，**割合**についても復習していこう。複雑そうにみえる割合も，実はそんなに難しいものではないんだ。

◁ 問題1 ▷────────────────────────

　　□ に適切な言葉を入れましょう。

　　A さんは 1000 円，B さんは 500 円の所持金があります。A さんの所持金に対する B さんの所持金の割合は ア です。また，B さんの所持金に対する A さんの所持金の割合は イ です。

◁ 割合とは ▷

　まず，「割合」というものがどういったものなのかを確認してみよう。

　割合とは，**「比」を 1 つの数で表したもの**です。「比」は，2 つの量を「比べた式」だよね。これを 1 つの数量で表したものが割合なんだ。

　2 人の所持金の比は，

　　　（A さんの所持金）：（B さんの所持金）＝ 1000：500
　　　　　　　　　　　　　　　　　　　　　　　　＝ 2：1

だね。このことから，

　　　B さんの所持金は A さんの所持金に比べると半分

になっていることがわかる。一方，

　　　A さんの所持金は B さんの所持金に比べると 2 倍

になっていることがわかる。

　この**「半分」や「2 倍」**というのが割合を表しているんだ。ただ，「半分」や「2 倍」という表現は，単純な数を比べるときにはわかりやすくて便利だけど，複雑な数になってくると表現が難しくなってくる。

　そこで，割合を考えるときには，まず**分数**を使って考えてみるんだ。半分は $\frac{1}{2}$，2 倍は単純に 2 と表すことにする。$\frac{1}{2}$ や 2 という数が割合を表すことに最初は抵抗があるかもしれないけど，この考え方を身につけておくととても便利なので，慣れていこう！

さて，割合を考える上で特に重要なのは，「**何に対して何を比べているのか**」というところなんだ。2つの割合を求めてみたわけだけど，$\frac{1}{2}$，2と異なる数が出てきたよね。これは当然，「何に対して何を比べているのか」が違うからなんだ。

　　　　Bさんの所持金はAさんの所持金に比べると$\frac{1}{2}$

というのは，**Aさんの所持金を基準に考えたときのBさんの所持金**を考えているわけだから，Aさんの所持金をもとにして，Bさんの所持金を比べているものが割合というわけなんだ。

　一般的なまとめかたをすると，

$$（割合） = \frac{（比べる量）}{（もとにする量）}$$

となる。「もとにする量」や「比べる量」という言葉よりも，「**どっちを基準にしてどっちを比べているか**」ということが大切だよ。

　ということで，さっそく答えを確認していこう。

　アは「Aさんの所持金に対するBさんの所持金」なので，**Aさんの所持金をもとにしてBさんの所持金を比べている**わけだ。なので，割合は，

$$\frac{500}{1000} = \frac{1}{2} \quad \text{または} \quad \frac{500}{1000} = 0.5$$

となる。

　この割合は分数や小数で表すことが多いけど，他にも「**百分率**」や「**歩合**」といった方法で表すこともあるよ。

　　　百分率　…　0.01を1％と表し，1が100％になる。

　　　歩合　　…　0.1を1割，0.01を1分，0.001を1厘と表し，1が10割になる。

つまり，$\frac{1}{2}$は「50％」や「5割」という表し方ができるんだ。

　　ア　…　$\frac{1}{2}$，0.5，50％，5割，半分，$\frac{1}{2}$倍　など

　イはもとにする量と比べる量が逆になっているね。

$$\frac{1000}{500} = 2$$

ということで，これが割合なんだ。これは分数でも小数でもないけど，どちらとも見ることができる。

イ … 2, 200 %, 20 割, 2 倍　など

割合は「何に対して（何をもとにして）何を比べているのか」
が大切！

$$（割合） = \frac{（比べる量）}{（もとにする量）}$$

答え

ア … $\dfrac{1}{2}$, 0.5, 50 %, 5 割, 半分, $\dfrac{1}{2}$ 倍　など

イ … 2, 200 %, 20 割, 2 倍　など

　2000 円の品物に消費税 10 ％ が加算されているとき，この品物を購入するときの代金を求めなさい。

実際に求める値の割合を考える

　消費税はみんなも聞いたことがあるよね。品物の値段（＝定価）に対して，余分に払うお金のことだ。消費税 10 ％というのは「品物の値段に対して 10 ％分の料金（税金）」が加算されることになるんだけど，2000 円の 10 ％はいくらになるかな？

　このとき，文章の意図を正確に読み取っておく必要があるんだ。10 ％というのは「品物の値段 2000 円に対しての 10 ％」ということなんだ。つまり，消費税の金額を x 円とすると，

$$\frac{x}{2000} = 10\,(\%)$$

ということだ。**2000 円に対して x 円を比べたときの割合が 10 ％になる**ということなんだ。$\dfrac{x}{A} = B$ **のとき，$x = A \times B$ という関係**が成り立つので，

$$x = 2000 \times 10\,(\%)$$

ということだね。つまり，**比べる量の x は，（もとにする量）×（割合）で求めることができる**んだ。10 ％は小数で表すと $\dfrac{10}{100} = 0.1$ なので，消費税の金額 x 円は，

$$x = 2000 \times 0.1 = 200\,(円)$$

と求めることができる。

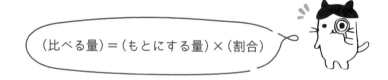

（比べる量）＝（もとにする量）×（割合）

ということで，実際に支払う金額は，

$$2000 + 200 = 2200\,(円)$$

と求めることができるね。

　さて，もう少しだけ話を進めてみよう。上の計算は，

　　　（品物の値段）＋（消費税の金額）＝（実際に払う金額）

として求めたわけだけど，もっと簡単に1発で計算ができないかな？

　消費税の10％は品物の値段に対する割合だったわけだけど，**品物の値段を1，つまり100％として考えているわけだよね？** ということは，割合だけで計算をすると，

　　　(品物の値段) ＋ (消費税の金額) ＝ (実際に払う金額)

　　　　100(%)　　＋　　10(%)　　＝　　　110(%)

という式になるので，**実際に払う金額は品物の値段に対して110％の割合**ということがわかる。

　式にすると，

$$\frac{(実際に払う値段)}{(品物の値段)} = 110(\%)$$

つまり，実際に払う金額は，

$$2000 \times 110(\%) = 2000 \times \frac{110}{100} = 2200 (円)$$

として求めることができるよ。

　このように，割合の計算をするときには，実際に求める値の割合（今回は110％）を考えることで，計算が効率よくなることがあるので，覚えておこう！

割合の計算は，実際に求める値の割合を考えよう！

答え

2200 円

定価の 2 割引きで買った品物が 2400 円だったとき，定価を求めなさい。

割引き前の値段を求める

「○割引き」という表示は，とても嬉しくなるよね(笑)。さて，今回は割引きされる前のもとにする量を計算することになるんだけど，ここで 1 つ，大切な計算のルールを確認しておこう。

$$A \times B = C \iff A = C \div B \quad \cdots\cdots (*)$$

とても当たり前の計算なんだけど，この確認ができたところで，定価を求めていこう。

定価を 1 としたとき，実際の値段(売値)は 0.2 (2 割)引かれた金額なので，

$$1 - 0.2 = \mathbf{0.8}$$

これが，**売値の割合**だ。つまり，

(定価) × 0.8 ＝ (売値)

という式が成り立つわけだ。今求めたいのは定価なんだけど，($*$)の式から，

(定価) ＝ (売値) ÷ 0.8

という式が成り立つ。ということで，定価は，

$$2400 \div 0.8 = \mathbf{3000}\,(\text{円})$$

簡単に求めることができたね。今回の計算は，

(定価) ＝ (もとにする量)，(売値) ＝ (比べる量)

だったよね？ ということは，次の関係式が成り立つことになる。

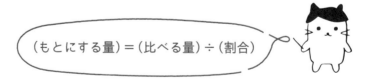

(もとにする量) ＝ (比べる量) ÷ (割合)

「割合で割る」という計算はあまり馴染みがないかもしれないけど，上のように理屈がわかれば，当たり前だと気づくね。少し特殊な計算だけど，中学入試の問題では結構よく出てくるから，しっかり慣れていこう！

答え

3000 円

◀◆

> **問題 4**

　図のように，AB ＝ 10 cm，AC：CB ＝ 3：2 であるとき，x の値を求めなさい。

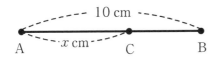

> **比と割合**

　　AC：CB ＝ 3：2

なので，右の〈図1〉のように

　　　AC の長さを③

　　　CB の長さを②

とおいてみよう。すると，AB の長さは，

　　　③ ＋ ② ＝ ⑤

と考えられる。そして，**この⑤にあたる長さが 10 cm** なわけだ。

　　　⑤ ＝ 10 cm

求めたい x は，AC の長さ，すなわち③にあたる部分

の長さだね。

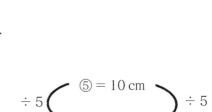

〈図1〉

　このとき，①にあたる長さはいくつになるかな？

右の〈図2〉のように，両辺を 5 で割ると，

　　　① ＝ 2 cm

とわかる。

　さて，求めたい長さは③だったから，

右の〈図3〉のように，両辺を 3 倍すれば，

　　　③ ＝ **6 cm**

と求めることができたね。

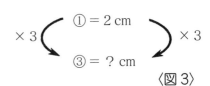

　今の計算は「いったん①にあたる
量を求める」方法だったんだけど，
これを一発でできるようになろう。

　〈図4〉を見てごらん。

　結局⑤から③へは，

　　　⑤ ÷ 5 × 3 ＝ ③

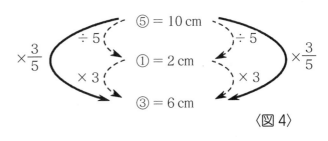

〈図4〉

15

という計算をしていたわけなんだ。

　この〜〜〜〜の部分は，

$$⑤ \div 5 \times 3 = ⑤ \times \frac{1}{5} \times 3 = ⑤ \times \frac{3}{5}$$

とすることができる。つまり，〜〜〜〜の部分を$\times \frac{3}{5}$に変えれば，

$$⑤ \times \frac{3}{5} = ③$$

という式になる。ということは，⑤が 10 cm なわけだから，x の長さを求めるときも

$$x = 10\,(\text{cm}) \times \frac{3}{5} = 6\,(\text{cm})$$

として求めてしまうことができる。

　これも，割合の計算なんだ。

10 cm をもとにしたとき，x cm の割合は $\dfrac{3}{5}$ になっているから，

$$x = 10 \times \frac{3}{5} \quad \leftarrow (\text{もとにする量}) \times (\text{割合})$$

という簡単な式で求められるんだね。

答え

6（cm）

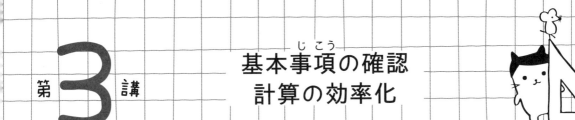

第 **3** 講 基本事項の確認
計算の効率化

> 問 題

　□にあてはまる数を求めなさい。
(1) $3.14 \times 6 = □$
(2) $2 \times 3.14 + 3 \times 3.14 + 4 \times 3.14 = □$
(3) $□ \times 3.14 + 7 \times 3.14 = 31.4$

> (1)の解き方

　さぁ，ただの計算問題に見えると思うんだけど，ただ単純に計算するだけではなく，効率良く計算をしていこう。

> 3.14 × n の値は，n ＝ 2 〜 9 の場合について，ある程度覚えておいたほうが効率よく計算できるよ！

　　$3.14 \times 2 = 6.28$,　$3.14 \times 3 = 9.42$,　$3.14 \times 4 = 12.56$, $3.14 \times 5 = 15.7$
　　$3.14 \times 6 = 18.84$, $3.14 \times 7 = 21.98$, $3.14 \times 8 = 25.12$, $3.14 \times 9 = 28.26$

　$n = 7$ までは一の位への繰り上がりが発生しないので，例えば，$n = 7$ のときは，
　　$3.14 \times 7 = 3 \times 7 + 0.14 \times 7 = 21 + 0.98 = 21.98$
のように計算できるよ。

ということで，(1)はすんなりと **18.84** と答えられたかな？

> (2)の解き方

だけど，(2)はこんなふうに計算をしないでほしいんだ！
　　$2 \times 3.14 + 3 \times 3.14 + 4 \times 3.14 = 6.28 + 9.42 + 12.56$
　　　　　　　　　　　　　　　　　　　　　　　　$= 28.26$

もちろん，やり方は合っているんだけど，×3.14 の計算を 3 回行い，さらに小数どうしの計算になっているので，計算ミスが発生しそうだね。

まず，最初の式 $2 \times 3.14 + 3 \times 3.14 + 4 \times 3.14$ は「3.14 が 2 つと 3.14 が 3 つと 3.14 が 4 つを合わせるといくつ？」と考えることができる。

ということは，$2 + 3 + 4 = 9$ で，**3.14 が合わせて 9 つある**と考えられる。

つまり，

$$2 \times 3.14 + 3 \times 3.14 + 4 \times 3.14 = (2 + 3 + 4) \times 3.14$$
$$= 9 \times 3.14$$
$$= 28.26$$

と考えると，×3.14 の計算が 1 回しか出てこないので，効率がいいね！

このように，**同じ数をかけたり同じ数で割ったりするときは，まとめて計算するように意識しておこう！**

> ### (3)の解き方

(3)は(2)と同じように考えてみよう。31.4 は **10 × 3.14** なので，

$\square \times 3.14 + 7 \times 3.14 = 10 \times 3.14$

と見ることができる。左辺は，「**3.14 を $\square$ 個と 3.14 を 7 個合わせた**」という意味になり，右辺を見れば **3.14 が 10 個ある**ことがわかるね。つまり，

$\square + 7 = 10$

だから，$\square = 3$ と求めることができるんだ。

なんと，3.14 の計算なのに，1 回も 3.14 をかけたり 3.14 で割ったりしなかったね。

今回 紹 介した計算は，もちろん **3.14 以外でも使える**んだ。こうした効率のよい計算の仕方を意識しておくだけで，計算のスピードも上がるし，何より計算ミスが格段に減るので，しっかり身につけておこう！

> ### 答 え

(1) 18.84

(2) 28.26

(3) 3

第2章
文章題

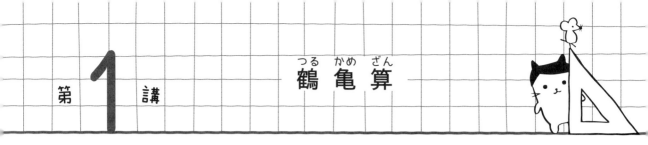

鶴亀算

◀ **問題1** ▶

　鶴と亀が合わせて 20 匹いて，足の数の合計が 56 本でした。鶴と亀はそれぞれ何匹いるでしょうか。ただし，鶴は足が 2 本，亀は足が 4 本あるものとします。

◀ **鶴亀算の考え方** ▶

　入試で頻出の，文章題の**鶴亀算**について学習をしておこう！ 問題文に「鶴と亀が出てきたら鶴亀算！」というわけではないので，注意をしようね！(笑)

　この問題は，「鶴の数」と「亀の数」という 2 つの未知数がある。そして，問題文には，鶴と亀の数の合計と，足の数の合計が条件として与えられている。このように，**未知数と同じ数だけ条件が与えられているとき**に，鶴亀算は使えるんだ。ここでは，面積図を使って解く方法を紹介するよ。

　さて，与えられた条件を〈図1〉のように面積図で表してみよう。**長方形の面積が足の数の合計，横の長さが鶴や亀の数，縦の長さがそれぞれの足の本数を表しているよ。**

　この図の**ア，イ**の長さがそれぞれ鶴と亀の数を表しているから，これらの長さを求めればいいね！

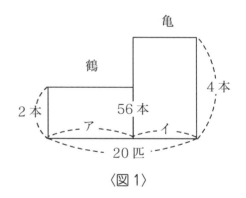

〈図1〉

　〈図2〉のように，長方形を分けてみよう。すると，下の長方形は，縦が 2(本)，横が 20(匹)なので，面積は $2 \times 20 = 40$(本)となる。

　ということは，図の斜線部の面積は，

$$56 - 40 = 16(本)$$

とわかるね。斜線部の長方形の縦の長さは 2(本)，横の長さはイなので，

$$2 \times イ = 16 \quad よって \quad イ = 8(匹)$$

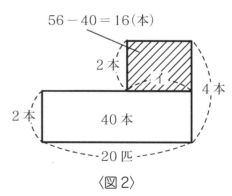

〈図2〉

亀の数は 8 匹と求められる！

ア ＋ イ ＝ 20（匹）だから，

　　　　ア ＝ 12（匹）

鶴の数は 12 匹とわかるね。

答え

鶴 12 匹，亀 8 匹

この調子で，もう 1 問解いてみよう！

問題 2

　容積が 10800 cm³ の水そうに，はじめ毎秒 80 cm³ で一定時間水を入れ，その後毎秒 48 cm³ で水を入れたところ，195 秒で満杯になりました。毎秒 80 cm³ で水を入れていたのは何秒ですか。

鶴亀算を用いて解く

　一見したところ鶴亀算の問題に見えないけれど，2 つの未知数に対して 2 つの条件が与えられているから，面積図を使った**鶴亀算の問題**として解くことができるよ。未知数は，「毎秒 80 cm³ で水を入れた時間」と「毎秒 48 cm³ で水を入れた時間」の 2 つだね。そして，水そうの容積 10800 cm³ と満杯になる時間 195 秒が与えられている。

　では，面積図をかいてみよう！

　今回は，**長方形の面積が水の体積，横の長さが時間，縦の長さが毎秒の水を入れる量**だとすると，〈図 3〉のようになる。

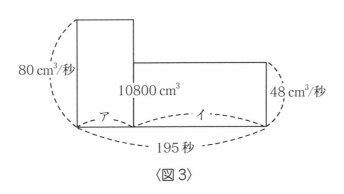

〈図 3〉

これを次の〈図4〉のように，2つの長方形に分けて考えよう。

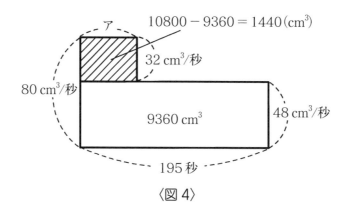

〈図4〉

下の長方形の面積は，

$$48\,(\text{cm}^3/秒) \times 195\,(秒)$$
$$= 9360\,(\text{cm}^3)$$

になるので，斜線部の面積は

$$10800 - 9360 = 1440\,(\text{cm}^3)$$

になるね。

$$32\,(\text{cm}^3/秒) \times ア$$
$$= 1440\,(\text{cm}^3)$$

なので，

$$ア = 1440 \div 32 = \mathbf{45\,(秒)}$$

と求めることができる。毎秒80 cm³ で水を入れていたのは **45秒** だね。

 **答え**

45秒

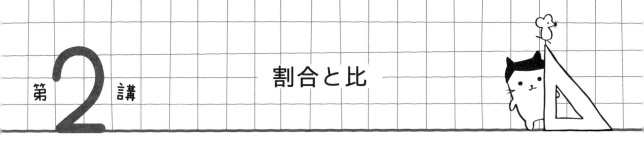

第 2 講

割合と比

　ある本を読むのに，1日目は全部のページ数の $\frac{5}{8}$ よりも 30 ページだけ少なく読み，2日目は残りの 0.6 倍よりも 5 ページだけ少なく読み，3日目は残りの $\frac{17}{25}$ よりも 5 ページだけ多く読んだところ，35 ページが残りました。この本は全部で何ページありますか。

〈慶應義塾中等部　2022 年(改題)〉

線分図の利用

　さぁ，今回は**割合と比**の問題です。文章だけを読んで式を立てていくのはちょっと難しいかもしれないね！ 1日目，2日目，3日目と変化がわかるように，**線分図**を用いて考えてみよう。

　まず，問題文から，1日目に読んだ量は〈図1〉のように表すことができる。

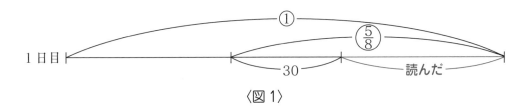

〈図1〉

　では，2日目に読んだ量はどうなるかというと，〈図2〉のようになるはずだ。

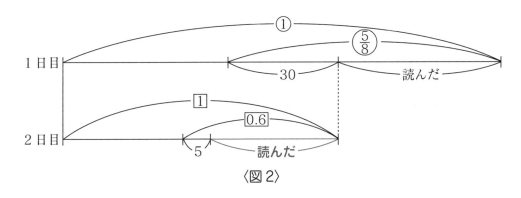

〈図2〉

さぁ，最後だ！ 3日目の読んだ量と残りのページ数を線分図に表すと，〈図3〉のように
なるね。

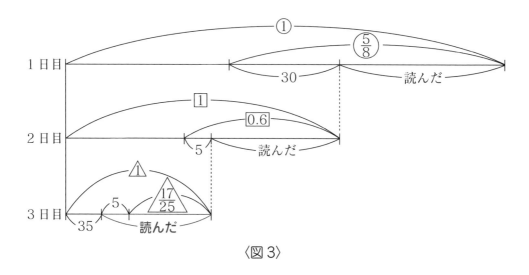

〈図3〉

ここからは，**日付をさかのぼって全体のページ数を求めにいこう！** まずは，**3日目に
読み始める前に何ページ残っていたのか**，つまり，〈図3〉の⚠のページ数が何ページだっ
たのかを求めよう。
〈図4〉を見てみよう。

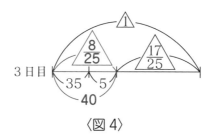

〈図4〉

残っている35ページに5ページを足した40ページが，割合として ⚠ − $\frac{17}{25}$ = $\frac{8}{25}$
になっている。
つまり，**もとにする量**の⚠は，

$$⚠ = 40 \div \frac{8}{25}$$
$$= 125 （ページ）$$

とわかる。**もとにする量**は，**比べる量÷割合**で求められたよね（→14ページ）。

同じようにして，〈図5〉の①，つまり，**2日目に読み始める前に何ページ残っていたのか**を求めてみよう。

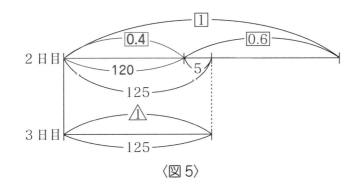

〈図5〉

〈図5〉を見ればわかるように，$125 - 5 = 120$（ページ）が，割合として $① - \boxed{0.6} = \boxed{0.4}$ になっているね。ということは，同様にして，

$$① = 120 \div 0.4$$
$$= 300 \,（ページ）$$

と求められる。

ここまでくれば先が見えてきたね！ **全体のページ数**を求めてみよう。〈図6〉を見てごらん。

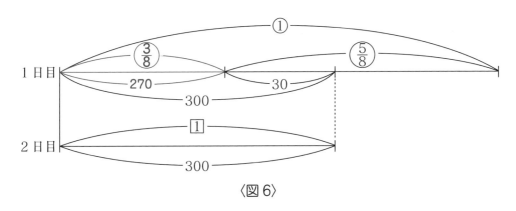

〈図6〉

$300 - 30 = 270$（ページ）が，割合として $① - \left(\dfrac{5}{8}\right) = \left(\dfrac{3}{8}\right)$ になっているね。

ということは，①，つまり全体のページ数は，

$$① = 270 \div \left(\dfrac{3}{8}\right) = 720 \,（ページ）$$

と求めることができたね！

答え

720 ページ

食　塩　水

問　題

　濃度20％の食塩水Ａが100ｇと濃度８％で重さがわからない食塩水Ｂがあります。このとき，次の問いに答えなさい。

(1)　食塩水Ａ60ｇに含まれる食塩の量は何ｇですか。

(2)　食塩水Ａを40ｇと食塩水Ｂのすべてを混ぜ合わせると，濃度が10％の食塩水ができました。食塩水Ｂは何ｇありましたか。

(3)　(2)で作った食塩水をＣとします。この食塩水Ｃのすべてと食塩水Ａの残りすべてを混ぜ合わせて新たな食塩水Ｄを作ろうとしたところ，間違えて食塩水Ａの残りと同じ量の水を食塩水Ｃに混ぜてしまいました。これを食塩水Ｅとします。食塩水Ｅを食塩水Ｄと同じ濃度にするためには，食塩水Ｅから何ｇの水を蒸発させればよいですか。

〈桐光学園中学校　2022年(改題)〉

　さぁ，**食塩水**の問題です。まずは濃度の確認からしておこう！　食塩水の濃度は，

$$（食塩水の濃度）= \frac{（食塩の重さ）}{（食塩水の重さ）} \times 100（\%）$$

として定義されているんだったね。基本的に食塩水の問題は，この定義式をもとに解いていくんだけど，2つの食塩水を混ぜたときの濃度は，「**てんびん図**」という考え方を使って解くと簡単に解けることが多いので，それを紹介するよ！

(1)の解き方

　これは，ただの割合の問題だね。食塩水Ａのうち20％が食塩の量なので，

$$60 \times \frac{20}{100} = 12（ｇ）$$

答　え

12ｇ

「てんびん図」を使って解いてみよう！「食塩水Aを40g」と「食塩水B」を比べてみよう！ このとき，まずどちらのほうが濃度(のうど)が大きいかな？

Aです。

そうだね！ この2つの食塩水の重さをおもりとするようにして，〈図1〉のようなてんびん図をかいてみよう。

このとき，**濃度が大きいほうを右側に**かいてみよう。

〈図1〉

さて，このてんびんの棒を1つの数直線だと考え，**それぞれの濃度と目もりを書き込**んでみよう。数直線と考えたとき，右側の数のほうが大きいから，濃度が大きいほうを右側にかいたんだね。

そして，この支点の位置が，2つの食塩水を混ぜたときの濃度を表すよ。

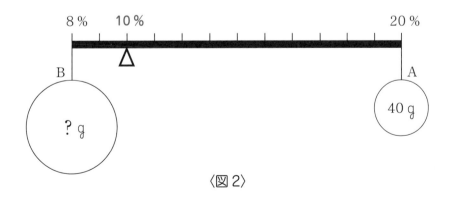

〈図2〉

さぁ！ てんびんの性質を思い出してみよう！ **おもりの重さの比をひっくり返したも**のが，**支点からの腕(うで)の長さの比になる**よ！

今，〈図3〉のように支点からの腕（うで）の長さをア，イとすると，

ア：イ ＝ 10：2

           ＝ 5：1

になっているね。

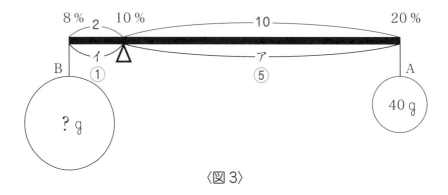

〈図3〉

ということは，A と B のおもりの重さの比は，これの**逆比**になるから，

  （A のおもりの重さ）：（B のおもりの重さ）＝ 1：5

となるんだ。

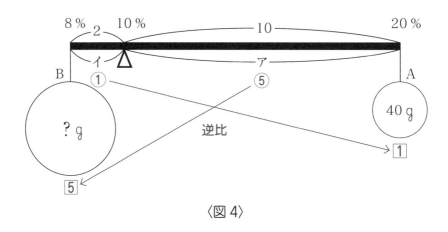

〈図4〉

今，A のおもりは 40g なので，B のおもりの重さは，

  40 × 5 ＝ 200（g）

つまり，食塩水 B は **200g** あったことがわかったんだ。

200g

　まずは，**食塩水Dはどういう濃度になるのか**を考えてみよう。食塩水Cは，(2)から，濃度は10％で重さは240gだね。これと，濃度20％の食塩水Aの残り60gを混ぜるから，次のようなてんびん図がかけるね。

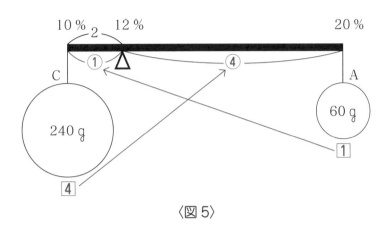

〈図5〉

　よって，食塩水Dの濃度は**12％**とわかる！

　だけど実際には，食塩水Cに混ぜたのは60gの水だったんだね。水は「濃度0％の食塩水」と考えてみると，やはりこれも次のような**てんびん図**で考えることができるから，実際にできた食塩水Eの濃度を調べてみよう。

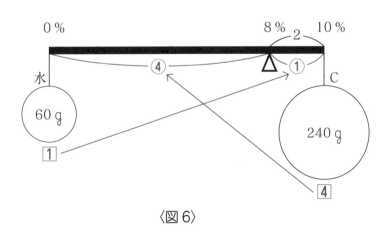

〈図6〉

　わかったかな？　ということで，食塩水Eは濃度**8％**で**300g**の重さがあることがわかるね。

　ここから，水を蒸発させて食塩水Dの濃度と同じ12％にしていくんだけど，残念ながら水の蒸発はてんびん図が使えないんだ。でも，ここまでくれば心配ない！　食塩水Eは300gで濃度8％だから，溶けている食塩の量は，

$$300 \times \frac{8}{100} = 24 \text{ (g)}$$

というのはわかるね。

　食塩が24gで濃度が12％になるには，全体の食塩水は何gあればいいかな？　これは，食塩の重さが比べる量，濃度が割合，全体の食塩水の重さがもとになる量なので，

$$24 \div 12 (\%) = 24 \div \frac{12}{100}$$
$$= 24 \times \frac{100}{12}$$
$$= 200 \text{ (g)}$$

と求められる。

　この計算が難しく感じる人は，

$$\boxed{} \times \frac{12}{100} = 24$$

を逆算して，$\boxed{}$を求める方法もあるよ！

　とにかく，**食塩水 E の重さが 200 g になれば，この濃度は 12 ％になる**ことがわかったね！

　もともと，食塩水 E は300gあったわけだから，

$$300 - 200 = 100 \text{ (g)}$$

の水を蒸発させればよかったんだね！

> 2つの食塩水を混ぜたときの濃度に関する問題は，てんびん図を使うとわかりやすいね。

答え

100 g

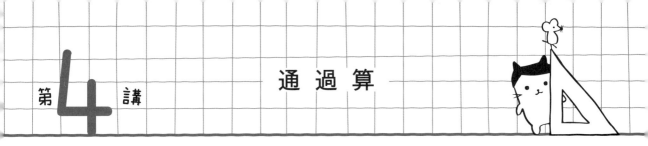

通 過 算

　列車 A が太郎の前を通過するのに 5 秒かかり，長さ 240 m の鉄橋を渡り始めてから渡り終えるまでに 17 秒かかります。時速 54 km で走る長さ 90 m の列車 B に，列車 A が追いついてから完全に追いこすまでに何秒かかりますか。

〈雙葉中学校　2021 年(改題)〉

▷ 図をかいて考える

　通過算と呼ばれている問題です。**図をかいて考えてみると見通しが立ちやすくなる**よ。列車の移動をわかりやすくするために，**先頭に旗を立てておいて**，旗がどのように移動しているかを見ていこう。

　〈図 1〉のように，図をかいてみると……

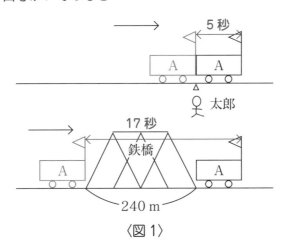

〈図 1〉

　このような状況になっていることがわかる。さて，**旗の移動だけを取り出してみる**と〈図 2〉のようになる。

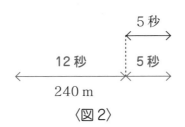

〈図 2〉

つまり，**12 秒で 240 m を移動した**ことがわかるね。ということは，列車の速さは，

$$240 \div 12 = 20 \, (\text{m/秒})$$

となる。また，太郎君の前を通過するのにかかったのが 5 秒だということを考えると，列車 A の長さは，

$$20 \times 5 = 100 \, (\text{m})$$

さて，列車 B の追いこしも考えてみよう。まず，列車 B の速さを秒速何 m かに直してみよう。

$$54 \times 1000 \div 3600 = 15 \, (\text{m/秒})$$

となるね。

ちなみに，**次の変換を覚えておくと便利**だよ！

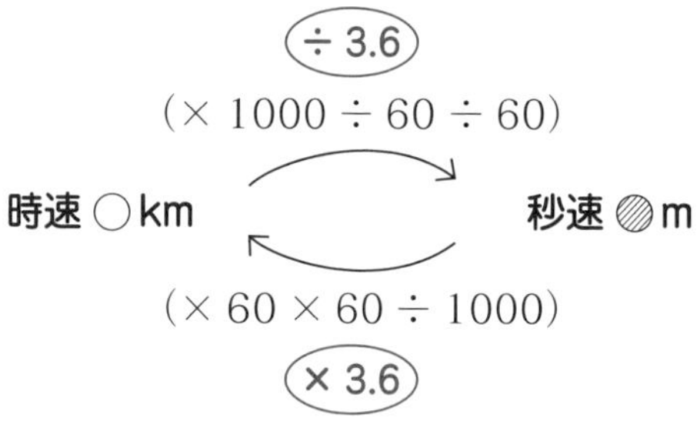

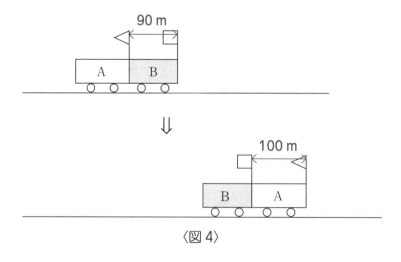

〈図3〉

さて，列車 A が列車 B を追いこす状況を図で表すと，次の〈図4〉のようになる。

〈図4〉

つまり，90 m あった差が，追いついたあとに 100 m まで広がったわけだ！ いわゆる**旅人算**の問題と同じだね！

速さの差は,

  $20 - 15 = 5$(m/秒)

だから, 完全に追いこすのにかかる時間は,

  $190 \div 5 = $ **38**(秒)

ということになるよ。

通過算の問題は, 図をかくことで見通しが立ちやすくなるので,
しっかりと図をかいて考えを整理していこう。

答え

38 秒

第5講　ダイヤグラム

問　題

　太郎君と母親は車で家から学校に向かいました。途中で母親は忘れ物に気づき，P地点で太郎君を降ろし，歩いて学校に向かわせました。母親はP地点から車で家に戻り，忘れ物を持って再び学校へ向かったところ，太郎君と母親は同時に学校に着きました。

　最初に家からP地点に着くまでの車の速さは時速30km，太郎君の歩く速さは時速5kmです。ただし，母親が家に戻ってから，再び学校に向かうまでの時間は考えないものとします。

　次の各問いに答えなさい。

(1) 母親が車で家とP地点を往復したときの平均の速さは時速40kmでした。P地点から家に戻る車の速さは時速何kmですか。

(2) 家に戻ってから，再び学校に向かう車の速さは時速60kmでした。家からP地点までの距離とP地点から学校までの距離の比を，最も簡単な整数の比で表しなさい。

(3) 太郎君と母親は7時に家を出発し，8時32分に学校に到着しました。家と学校の距離は何kmですか。

〈高輪中学校　2021年〉

　今回は速さの問題でもちょっと状況が複雑になっているね。こういう問題を解くときには，**ダイヤグラムを利用する**といいんだ！　横軸を時刻にして，縦軸を距離と考えると，太郎君と母親の動きは，次のようにダイヤグラムで表すことができるんだ。

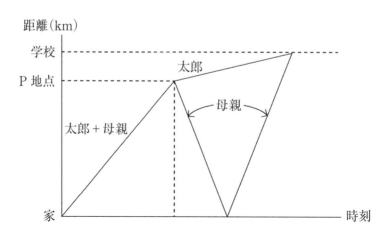

◀ (1)の解き方 ▶

平均の速さを求める問題は，間違えやすいので注意しよう！ これは第1章の**基本事項の確認**でも扱ったね！ 不安な人は，もう一度しっかり復習しておこう！

行きの速さが30 km/h，平均の速さが40 km/h で，帰りの速さがわかっていない状態だね。往復した距離がわかっていないけど，距離が何 km だったとしても平均の速さは変わらないんだ。なので，**計算しやすいように，家からP地点までの距離を60 km として**おこう。すると，**行きにかかった時間**は，

解き方のヒント！

$$60 \div 30 = 2 （時間）$$

帰りにかかった時間を□時間としておこう。

平均の速さが40 km/h だから，**往復にかかった時間**は，

$$(60 \times 2) \div 40 = 120 \div 40 = 3 （時間）$$

だね。ということは，往復の時間についての式を考えると，

$$2 （時間） + □ （時間） = 3 （時間）$$

なので，**□ = 1 （時間）** とわかるね！

ということは，帰りの速さは，

$$60 （km） \div 1 （時間） = 60 （km/h）$$

と求めることができるね！

いま，家からP地点までの距離を60 km とおいたけど，これは何でもいいんだ。

単に「1」としてみよう。行きにかかった時間は，

$$1 \div 30 = \frac{1}{30}$$

往復にかかった時間は，平均の速さが40 km/h だから，

$$(1 \times 2) \div 40 = \frac{1}{20}$$

ということは，帰りにかかった時間は，

$$\frac{1}{20} - \frac{1}{30} = \frac{1}{60}$$

ということは，帰りの速さは，

$$1 \div \frac{1}{60} = 60 （km/h）$$

と，同じように求めることができたね！

文章題

第5講 ◀◆ ダイヤグラム

答え

時速60 km

◀ (2)の解き方 ▶

　太郎君と母親がP地点で別れてから，再び学校で出会うまでの移動した道のりを考え
てみよう。太郎君は5km/hで，母親は60km/hで移動している。ということは，2人が
移動した距離(きょり)の比は，速さの比に比例するから，

　　　(太郎君が移動した距離)：(母親が移動した距離) = 5：60 = 1：12
となるね。

　これを，先ほどのダイヤグラムにかき加えてみたよ。

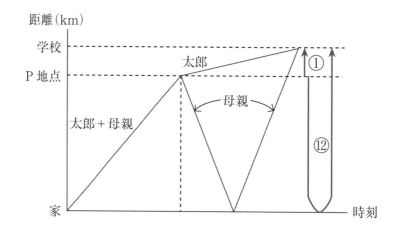

　ということは，母親がP地点から家に戻(もど)って，再びP地点に戻るまでの距離は，

　　　⑫ - ① = ⑪

であることがわかる。

　つまり，家からP地点までの距離は，⑪の半分なので，⑤.⑤と
わかるね。

　よって，

　　　(家からP地点までの距離)：(P地点から学校までの距離)
　　　= 5.5：1
　　　= 11：2　　整数の比に直す！

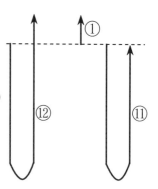

⬤ 答え

11：2

　最後に，時間の情報をもとにして，家から学校までの距離を求めてみよう。（2）より，家からP地点までの距離を⑪，P地点から学校までの距離を⑫と，改めておいておこう。また，母親の移動について，大きく3つの区間に分けておこう。

　　　区間A…家からP地点まで30km/hで移動した区間
　　　区間B…P地点から家まで60km/hで移動した区間
　　　区間C…家から学校まで60km/hで移動した区間

としておき，**各区間にかかった時間の比を求めてみよう。**

　まず，区間Aと区間Bは移動している**距離が同じ**だけど，速さの比が $30:60=1:2$ になっている。**かかった時間の比は，速さの比の逆比**になるから，

　　　（区間Aにかかった時間）：（区間Bにかかった時間）$= \dfrac{1}{1} : \dfrac{1}{2} =$ **2：1**

になるね。

　次に，区間Bにかかった時間と区間Cにかかった時間の比を求めてみよう。どちらも**同じ速さ**で移動しているから，**かかった時間の比は距離の比と一致**するね。つまり，

　　　（区間Bにかかった時間）：（区間Cにかかった時間）= **11：13**

　これらの比をそろえてみると，**かかった時間の比**は，

　　　（区間A）：（区間B）：（区間C）= **22：11：13**

になる。

区間A		区間B		区間C
2	:	1		
		11	:	13
22	:	11	:	13

　各区間にかかった時間をそれぞれ，22，11，13とおいて，ダイヤグラムに書き加えてみよう。

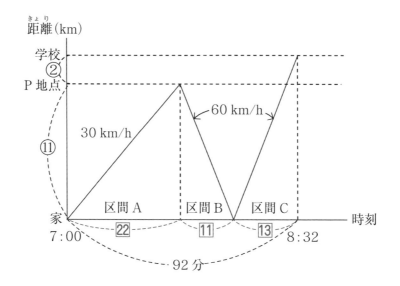

　家を出発してから学校に着くまでにかかった時間は1時間32分，つまり92分だね。

$$\boxed{22} + \boxed{11} + \boxed{13} = \boxed{46}$$

だから，

$$\boxed{46} = 92 \,(分)$$

　つまり，

$$\boxed{1} = 2 \,(分)$$

とわかるから，**区間Cにかかった時間は，**

$$\boxed{13} = 26 \,(分)$$

と求めることができたね。**区間Cは60 km/hで移動した**ので，家から学校の距離は，

$$60\,(\text{km/h}) \times \frac{26}{60}\,(時間) = 26\,(\text{km})$$

答え

26 km

ダイヤグラムをかいて，比を考えるんだよ。しっかり復習して，ダイヤグラムのかき方に慣れておこう。

流 水 算

問　題

　一定の速さで流れる川の上流に A 地点があり，下流に B 地点があります。2 つ
の船 P，Q は，静止した水面では，どちらも時速 20 km で移動します。船 P は，
A 地点を出発し，B 地点へ向かいます。船 Q は，B 地点を出発し，A 地点へ向か
います。2 つの船は，同時に出発してから 21 分後に，A 地点からの距離と B 地
点からの距離の比が 5：3 である C 地点で初めてすれちがいました。また，船 P，
Q は，それぞれ B 地点，A 地点に着くとすぐにそれぞれ A 地点，B 地点へ引き返
します。

　このとき，次の問いに答えなさい。

(1) A 地点と B 地点の間は，何 km か求めなさい。

(2) 川が流れる速さは，時速何 km か求めなさい。

(3) 船 P，Q が C 地点で初めてすれちがってから，何分何秒後に再びすれちがう
　か求めなさい。

〈東邦大学付属東邦中学校　2021 年〉

　この問題も，前回学習した**ダイヤグラムを使って解いていこう**。問題の内容をダイヤ
グラムにまとめると，次のようになる。

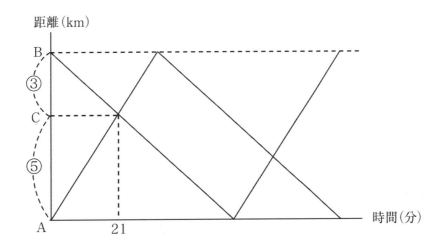

　流れる水の上では，船を動かさなくても川の流れで勝手に船は動いていくよね？　つま

り，流れる川の上での船の速さを考えるときは，**静止した水面での船の速さに加えて，流れの速さを考えないといけない**んだ。

> 上流から下流に向かう場合は，（静止時の船の速さ）＋（流れの速さ）
> 下流から上流に向かう場合は，（静止時の船の速さ）－（流れの速さ）

このように，**流れる水の上を船が移動する問題を流水算**というよ。

◀ **（1）の解き方** ▶

まず，船 P，Q はスタートしてから 21 分で初めてすれちがったわけだから，これは，

$$（\text{AB 間の距離}）÷（\text{船 P，Q の速さの和}）= \frac{21}{60}（\text{時間}）\quad \cdots \quad ①$$

と考えることができるよね。

ところで，船 P，Q の速さの和はわかるかな？ P，Q の速さはそれぞれ

（P の速さ）＝ 20（km/h）＋（流れの速さ）

（Q の速さ）＝ 20（km/h）－（流れの速さ）

となっている。ということは，

―――ここが消える―――

（P の速さ）＋（Q の速さ）＝ 20（km/h）＋（流れの速さ）＋ 20（km/h）－（流れの速さ）

＝ 40（km/h）

とわかるね！

あとは，①の式から逆算して，AB 間の距離を求めてみよう。

$$（\text{AB 間の距離}）= 40（\text{km/h}）× \frac{21}{60} = 14（\text{km}）$$

⬤ **答え**

14 km

◀ **（2）の解き方** ▶

（1）で AB 間の距離を求めたから，AC 間と CB 間の距離もそれぞれ求めることができるよ。AC 間と CB 間の距離の比は 5：3 だから，

$$（\text{AC 間の距離}）= 14 \times \frac{5}{8} = \frac{35}{4}（\text{km}）$$

$$（\text{CB 間の距離}）= 14 \times \frac{3}{8} = \frac{21}{4}（\text{km}）$$

だね。船 P の速さを求めてみると，

$$\frac{35}{4} \div \frac{21}{60} = 25（\text{km/h}）$$

船の速さは，静止した水面では 20 km/h だから，川の流れる速さは，

$$25（\text{km/h}） - 20（\text{km/h}） = 5（\text{km/h}）$$

答え

時速 5 km

(1)(2)の別解

川の流れの速さから求めることもできるんだ。C 地点で初めてすれちがったとき，

（P が進んだ距離）:（Q が進んだ距離）= 5 : 3

となっていることから，**P，Q の速さの比**が求められるね！

同じ時間で進んだ距離の比が 5 : 3 ということは，

（P の速さ）:（Q の速さ）= 5 : 3

といえるわけだ。

（P の速さ）= ⑤

（Q の速さ）= ③

としておくと，

⑤ − ③ = ②

が**川の流れの速さ 2 倍分**に相当するよね。

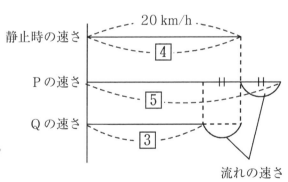

つまり，川の流れの速さは，

② ÷ 2 = ①

となるわけだ。川の流れの速さを考慮しない場合，すなわち，静止した水面では，船 P，Q はともに 20 km/h で移動するわけだけど，これは ④ に相当するね。

④ = 20 km/h

ということは，

① = 5 km/h

つまり，川の流れの速さは **5 km/h** と求めることができるんだ。

これがわかってしまえば，地点Cまでの

$$(P \text{ の速さ}) = 20 + 5 = 25\,(\text{km/h}), \quad (Q \text{ の速さ}) = 20 - 5 = 15\,(\text{km/h})$$

と求めることができるので，AB間の距離は，

$$(\text{AB 間の距離}) = (25 + 15) \times \frac{21}{60} = \mathbf{14}\,(\textbf{km})$$

と求められるね！

どちらの解き方もしっかりとマスターしておこう！

◀ **(3)の解き方** ▶

　再び船P，Qがすれちがう地点をDとし，これまでの情報をダイヤグラムにまとめてみると，次のようになるよ！ 最後の問題は，C地点ですれちがってからD地点で再びすれちがうまでにかかる時間，すなわち，**ダイヤグラムの〈ア＋イ〉の時間**を求めればいいね！

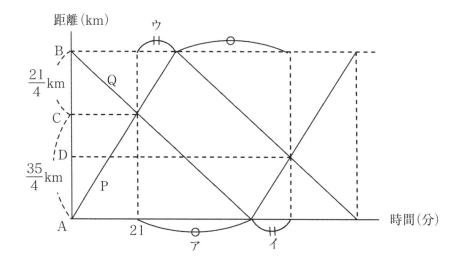

　さて，このダイヤグラムをよく見てみよう。アの時間は，**船Qに注目すると，C地点からA地点までにかかっている時間**だ。

　これは，

$$\frac{35}{4} \div (20 - 5) = \frac{7}{12}\,(\text{時間})$$

と求めることができる。

では，イの時間はどうだろう？ これも船 Q に着目すると A 地点から D 地点までにか
かる時間だけど，船 P に着目すると，ダイヤグラムのイとウの長さが等しいから，これ
は C 地点から B 地点まで移動する時間（ダイヤグラムの「ウ」の部分）と同じだよね？

ということは，この時間は

$$\frac{21}{4} \div (20 + 5) = \frac{21}{100} \text{（時間）}$$

と求めることができる。

ということで，ア＋イの時間を分の単位で表すと，

$$
\left(\frac{7}{12} + \frac{21}{100} \right) \times 60 = 35 + \frac{63}{5}
$$
$$
= 35 + 12\frac{3}{5}
$$
$$
= 47\frac{3}{5} \text{（分）}
$$

よって，答えは　47 分 36 秒後となるんだ。

答え

47 分 36 秒後

相 当 算

　店で買い物をするときに紙幣や硬貨を使わずに，クレジットカード，電子マネーなどで支払いをする「キャッシュレス払い」という支払い方法があります。キャッシュレス払いで支払うことで，店によっては 5 ％または 2 ％還元される，つまりお金が戻ってくるサービスが，2019 年 10 月から 2020 年 6 月までありました。

　例えばキャッシュレス払いで 1000 円を支払った時，5 ％還元される店では 50 円が戻ってくるので，還元後の支払い額は 1000 － 50 ＝ 950 円となります。2 ％還元される店では，20 円が戻ってくるので，還元後の支払い額は 1000 － 20 ＝ 980 円となります。

　ある商店街に，5 ％還元される店 A，2 ％還元される店 B，還元されない店 C があります。これらの店で買い物をするとき，すべてキャッシュレス払いで支払うこととして，次の問いに答えなさい。

(1) 同じぬいぐるみが，店 A では 10000 円，店 B では 9650 円，店 C では 9520 円で売られていました。どの店で買うと，還元後の支払い額が一番低くなりますか。店とそのときの還元後の支払い額を求めなさい。

(2) 店 A と店 B で合わせて 7000 円支払ったところ，302 円戻ってきました。お金が戻る前に店 A と店 B ではそれぞれいくら支払ったか，求めなさい。

(3) 店 A，店 B，店 C で合わせて 5500 円支払ったところ，150 円戻ってきました。お金が戻る前に店 A と店 B で支払った金額の比が 2：1 のとき，店 C ではいくら支払ったか，求めなさい。

〈田園調布学園中等部　2021 年(改題)〉

(1)の解き方

それぞれの店での，**還元後の支払い額**を求めてみよう。

店 A では，5 ％の還元があるので，売値の 95 ％が支払う金額になる。

$$10000 \times \frac{95}{100} = 9500 (円)$$

だね。店 C では還元されることなく 9520 円でぬいぐるみを売っているので，店 A のほ

うが支払い金額は低い。

店Bでは，還元率が2％なので，売値の98％が支払う金額になるね。

$$9650 \times \frac{98}{100} = 9457 (円)$$

よって，還元後の支払い額が一番低くなるのは**店B**で，還元後の支払い額は **9457円**。

答え

店B，9457円

(2)の解き方

解き方のヒント！

さて，まずは店Aと店Bでいったん支払った額を数でおいてみよう。①や①などとおいてもいいけど，ここではあえて⑩⑩と⑩⑩とおいてみるよ。なんでそうするかっていうのは，問題を解き進めていくとわかるので，とりあえずこれを受け入れておいてね！

店Aと店Bで合わせて7000円支払っているから，

⑩⑩ + ⑩⑩ = 7000　……(ア)

という式になる。さて，それぞれの店で還元された金額を考えてみよう。

店Aでは5％が還元されるから，

$$⑩⑩ \times \frac{5}{100} = ⑤$$

店Bでは2％が還元されるから，

$$⑩⑩ \times \frac{2}{100} = ②$$

となるね。これが合わせて302円だから，

⑤ + ② = 302　……(イ)

という式ができる。

どう？ ⑩⑩，⑩⑩とおいたわけに気づいたかな!?

はい。もし，はじめに①と①とおいていたら，(イ)の○と□の数が小数や分数になってしまいますね。

そのとおり。それを考えに入れて，**最初に⑩⑩と⑩⑩とおいたんだ！**

さぁ，（ア）と（イ）をみていこう。（イ）の式ですべて20倍すると，

$$⑩ + □\!100 = 7000 \quad \cdots\cdots （ア）$$
$$-\big) \; ⑩ + □\!40 = 6040 \quad \cdots\cdots （イ）×20$$

$$□\!60 = 960$$
$$□\!1 = 16$$

となるので，$□\!100 = 1600$ とわかるね！

（ア）から，

$$⑩ = 7000 - 1600$$
$$= 5400$$

となるので，店Aで **5400円**，店Bで **1600円**支払ったことになる。

答え

店A…**5400円**，店B…**1600円**

(3)の解き方

この問題も同じように店A，店B，店Cで⑩，$□\!100$，x円を支払ったとしよう。ここでなぜ店Cで支払った額をxとするのかっていうと，店Cは還元されるものがないので，特に数でおく必要がないんだね。だから，文字でおいているんだけど，店Cを△100などとおいてもいいよ。

まずは，3つの店で支払った金額が5500円なので，

$$⑩ + □\!100 + x = 5500 \quad \cdots\cdots （ウ）$$

還元された金額で式を立てると，

$$⑤ + □\!2 = 150 \quad \cdots\cdots （エ）$$

また，店Aと店Bで支払った金額の比が2：1なので，

$$⑩ : □\!100 = 2 : 1$$

よって，

$$⑩ = □\!200$$
$$① = □\!2 \quad \cdots\cdots （オ）$$

ということがわかる。

（オ）より，$⑤ = □\!10$がわかるね。（エ）の$⑤$を$□\!10$におきかえると，

$$□\!10 + □\!2 = 150$$
$$□\!12 = 150$$
$$□\!2 = 25（円）$$

となるね。

　①＝12.5（円）としてもいいんだけど，求めたいのは⑩なので，②＝25から，⑩を求められるね。

　　　⑩＝25 × 50 ＝ 1250（円）

　さて，店Ａと店Ｂで支払った金額の比が2：1なので，⑩＝1250 × 2 ＝ 2500（円）となる。

　よって，（ウ）の式から，

　　2500 ＋ 1250 ＋ x ＝ 5500

　　x ＝ 1750（円）

と求めることができたね。

答え

1750 円

> ○や□を使って数量を表すことはよくやっていると思うんだけど，数のおき方をひと工夫することで，計算が簡単になるね！

売買損益

　ある店では，同じ品物を 360 個仕入れ，5 割の利益を見込んで定価をつけ，売り始めました。1 日目が終わって一部が売れ残ったため，2 日目は定価の 2 割引きで売ったところ，全て売り切れました。このとき，1 日目と 2 日目を合わせて，4 割の利益が出ました。次の各問いに答えなさい。

(1) 1 日目に売れた品物は何個ですか。

(2) 3 日目に同じ品物をさらに 140 個仕入れ，2 日目と同じ，定価の 2 割引きで売り始めました。3 日目が終わって一部が売れ残ったため，4 日目は定価の 2 割引きからさらに 30 円引きで売ったところ，全て売り切れました。このとき，3 日目と 4 日目を合わせて，48600 円の売り上げになりました。もし，同じ値段のつけ方で 3 日目と 4 日目に売れた個数が逆であったら，48000 円の売り上げになります。このとき，この品物は 1 個当たりいくらで仕入れましたか。

〈豊島岡女子学園中学校　2021 年〉

（1）の解き方

　売買損益の問題だね！ 2 通りの解き方を解説するよ。

　まず，仕入れ値を①とおくと，1 日目の売値（定価）は，①.5 だね。そして，2 日目は，その 2 割引だから，

　　　①.5 ×（1 − 0.2）= ①.2

となる。

　さて，それぞれ何個ずつ売れたのかはわからないけど，1 日目と 2 日目の利益が 4 割あったわけだね。ということは「**360 個すべて ①.4 の値段で売れた**」と考えると，1 日目と 2 日目の売上の合計と等しくなるはずだね。

　これを**面積図**で表してみよう。

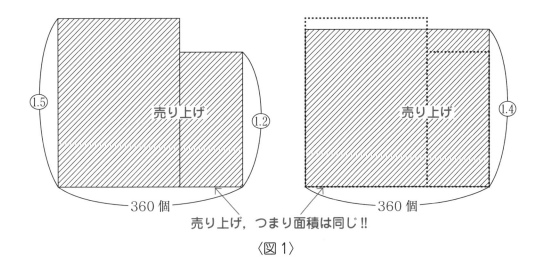

〈図1〉

このように，**売り上げを面積で表すとわかりやすい**ね。さて，左右の面積が同じということは，〈図2〉の斜線部の面積が等しくなるね。

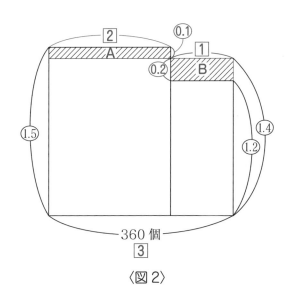

〈図2〉

このとき，長方形AとBの縦の長さの比は，

$$0.1 : 0.2 = 1 : 2$$

だね。ということは，**横の長さの比は，2：1になる**ことがわかる。〈図2〉のように，横の長さを②と①とおくと，③が360個ということになる。

求めるのは，1日目に売れた個数，すなわち**②にあたる個数**だから，

$$② = 360 \times \frac{2}{3} = \textbf{240（個）}$$

と求めることができるね。

 答え

240 個

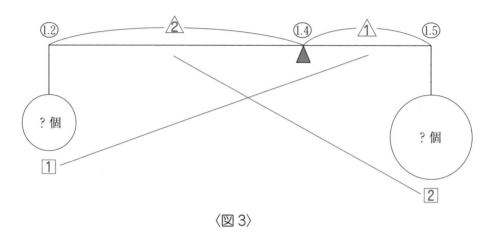

(1)の別解

この問題は，**てんびん図**で考えることもできるよ。下の〈図3〉を見てみよう。

〈図3〉

イメージとしては濃度の問題と同じだね。この問題を「濃度が1.5％の食塩水と1.2％の食塩水が合わせて360 g ある。混ぜたら濃度が1.4％になった。それぞれ何 g ずつあるか」という問題と同じように考えられるよね。

(2)の解き方

これも問題の内容を面積図で表してみよう。3日目の売値が①.② で 4日目の売値は①.② − 30 と考えれば，まずは次のような図がかけるね。

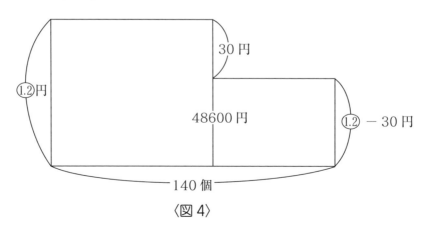

〈図4〉

さて，条件で，「もし，同じ値段のつけ方で3日目と4日目に売れた個数が逆であったら，48000円の売り上げになります」とあるから，これを図で表すと〈図5〉のようになるね。

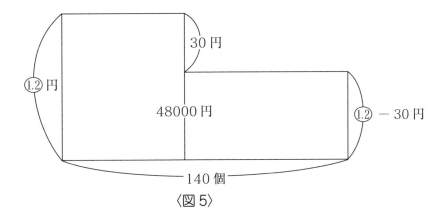

〈図5〉

さて，この2つの条件をうまく一緒に考えることができないかな？ 2つの図をよーく見ると……。うまく2つをくっつけることができないかな？〈図6〉を見てみよう！

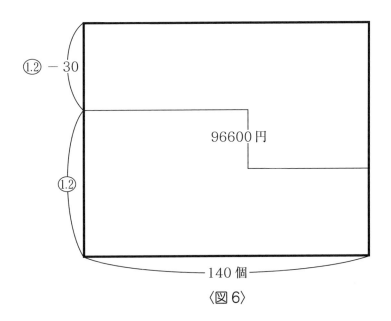

〈図6〉

こうして，1つに重ねてしまえば，1つの大きな長方形として考えることができるね。

この大きな長方形の面積は，

48600 + 48000 = 96600（円）

ということになる。横の長さが140個なので，

96600 ÷ 140 = 690

となり，これが縦の長さだ。

求めるのは，**この品物の仕入れ値**，つまり①にあたる値段なので，

$$①.② + (①.② - 30) = 690$$

$$②.④ = 720$$

$$① = 720 \div 2.4$$

$$= 300 \,（円）$$

と出すことができるね。

値段の問題は，面積図を使うことでうまく情報が整理できるときもあるから，覚えておいてね！

答え

300円

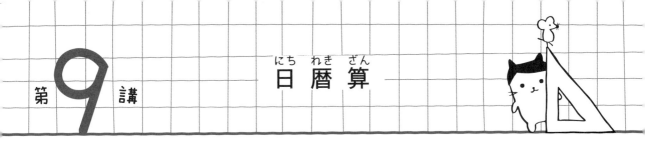
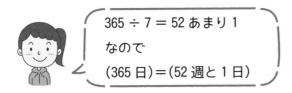

問　題

　2020 年のオリンピックは史上初の延期となり，2021 年 7 月 23 日(金)に開会式を行いました。オリンピックは通常 4 の倍数の年に行い，このオリンピックを行う年をオリンピックイヤーといいます。うるう年である 4 の倍数の年は，2 月が 29 日まであるものとして計算すること。

(1) 次のオリンピックイヤーである 2024 年の 7 月 23 日は何曜日ですか。

(2) 次に 7 月 23 日が金曜日となるオリンピックイヤーは何年ですか。

〈神奈川大学附属中学校　2022 年〉

　日付に関する問題（**日暦算**）だね。まず，通常の 1 年は 365 日だけど，365 日は何週間あるかな？

> 365 ÷ 7 = 52 あまり 1
> なので
> (365 日)＝(52 週と 1 日)

　そうだね。

　ということは，1 年（365 日）後というのは「52 週後の 1 日後」となるので，**曜日が 1 つ次にずれる**わけだね。例えば，2022 年 7 月 4 日が月曜であれば，翌年の 7 月 4 日は火曜ということになるんだ。

> 1 年（365 日）後は曜日が 1 日ずれる

　気をつけなければならないことは，**うるう年の場合，1 年が 366 日つまり，52 週と 2 日なので，曜日が 2 つずれる**ということ。そこに気をつけて解いていこう。

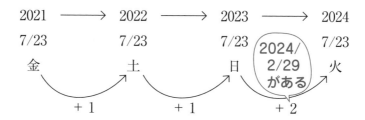

ポイントは，**2023 年 7 月 23 日と 2024 年 7 月 23 日の間に，うるう年の 2024 年 2 月 29 日がある**ことだね。なので，2024 年 7 月 23 日は前年同日から 2 つ曜日がずれる。よって，**火曜日**となるんだ。

火曜日

（2）の解き方

本来のオリンピックイヤーである 2020 年 7 月 23 日の曜日は，2021 年 7 月 23 日の曜日の前日なので，木曜日だね。つまり，**あるオリンピックイヤーから次のオリンピックイヤーまで，曜日は 5 つずれる**ことがわかるね。

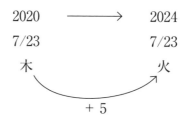

この規則を表にまとめると次のようになるよ。

年	2024	2028	2032
7 月 23 日の曜日	火	日	金

したがって，次に 7 月 23 日が金曜日となるオリンピックイヤーは **2032 年**だ。

2032 年

仕 事 算

> **問題 1**

　A君，B君，C君が休まずに1人で行うとそれぞれ20日間，25日間，50日間かかる仕事があります。この仕事に対して，以下のことを繰り返し行うことにします。

　・A君は1日働いた後2日休む

　・B君は2日働いた後1日休む

　・C君は3日働いた後1日休む

この仕事を3人で同時に始めるとき，何日目に終わるか求めなさい。

〈市川中学校　2021年〉

> **全体の仕事量と1日あたりの仕事量を考える**

　いわゆる，**仕事算**と言われている問題だね！「**全体の仕事量はいくらか**」と「**3人の1日あたりの仕事量がそれぞれいくらか**」を考える必要があるね。

　ただ，ここで少し難しく感じるのが「仕事量って何だ？」ということなんじゃないかな。速さであれば時速〇km，食塩水であれば濃度〇%というように単位があるけど，仕事量というのが今いちピンとこないと思うんだよね。

　これは「宿題」と言い換えていいかもしれない。宿題の量は「何ページ」みたいに具体的な数で表すことができる。**「ある仕事」と言われたら，宿題をイメージすると解きやすくなる**と思うよ。

　さて，まずこの仕事量を考えていこう。A君が20日間，B君が25日間，C君が50日間かかる全体の仕事量（宿題の量）を数でおいてみよう。①とおいてもいいんだけど，ここは，20，25，50の最小公倍数である100を用いて，⑩なんて表すのが便利なんだ。

　　　　（全体の仕事量）＝⑩　　　　解き方のヒント！

とすると，A君，B君，C君は1日あたり，どれだけの仕事量をこなすことができるかな？

　A君は20日間で⑩の仕事を終わらせるので，1日あたりは，

　　　⑩ ÷ 20 ＝ ⑤

B君は 25 日間で ⑩⓪ の仕事を終わらせるので，1日あたりは，⑩⓪ ÷ 25 ＝ ④

C君は 50 日間で ⑩⓪ の仕事を終わらせるので，1日あたりは，⑩⓪ ÷ 50 ＝ ②

の仕事量だということがわかる。

さて，A君，B君，C君の仕事の仕方をまとめると，次のようになる。

何日目	1	2	3	4	5	6	7	8	9	10	11	12
A君	⑤	0	0	⑤	0	0	⑤	0	0	⑤	0	0
B君	④	④	0	④	④	0	④	④	0	④	④	0
C君	②	②	②	0	②	②	②	0	②	②	②	0

ここで注目してほしいのは，**A君は3日周期，B君は3日周期，C君は4日周期で仕事をしている**ってところだね。つまり，3（と3）と4の最小公倍数で12日周期で考えていくと，見通しが立ちやすいね。

3人がそれぞれ，12日間でどれだけの仕事をするのかというと，

A君　⑤×4＝⑳

B君　（④×2）×4＝㉜

C君　（②×3）×3＝⑱

つまり，3人合わせて12日間で，⑳＋㉜＋⑱＝⑦⓪

の仕事を終了することになるね。全体の仕事量が⑩⓪だから，⑩⓪ － ⑦⓪ ＝ ㉚

が残りの仕事量だ。

あとは，また同じ周期が続くので，1日ずつ見ていこう！

何日目	～12	13	14	15	16	17
A君		⑤	0	0	⑤	0
B君		④	④	0	④	④
C君		②	②	②	0	②
累計	⑦⓪	⑧①	⑧⑦	⑧⑨	⑨⑧	⑩④

17 日目で仕事量が ⑩⓪ に達するから，**17 日目**で仕事が終わることがわかるね！

答え

17 日目

> **問題2**

　何人かで協力してある製品を作ります。AさんとBさんの2人だと48日間で完成します。作業を始めたら休みなく働き，1日の仕事量はそれぞれ一定です。次の問いに答えなさい。

(1) AさんとBさんの2人でちょうど36日間で完成させなければいけなくなりました。まずAさんのみ作業の速さを1.3倍にしたら，40日間で終わることがわかりました。36日間で完成させるには，さらにBさんの作業の速さを何倍にしなくてはならないか答えなさい。

(2) はじめの8日間はAさんとBさんの2人で，9日目からはAさんとBさんとCさんの3人で作ると，最初から数えて32日間で完成します。Dさんにも手伝ってもらって最初から数えて26日間で完成させることになりました。Dさんの作業の速さはCさんと同じです。はじめからAさんとBさんとCさんの3人で作り始めるとき，Dさんには最初から数えて何日目から手伝ってもらえばよいか求めなさい。

〈頌栄女子学院中学校　2021年〉

> **(1)の解き方**

　今回は仕事（ある製品を作る）の量をどうおいたらいいかな？「AさんとBさんの2人だと48日間かかる」という情報があるので，**まずはAさんBさんの1日あたりの仕事量をそれぞれ，①，1とおいてみよう。**すると，2人合わせて48日だから，仕事量の合計は，㊽＋48になるね。

解き方のヒント！

　Aさんのみ仕事の速さが1.3倍になったとき，Aさんの1日あたりの仕事量は①.3になるね。Bさんは1のままだ。このとき，40日で仕事が終わるから，

　　　①.3 × 40 ＋ 1 × 40 ＝ ㊽ ＋ 48

つまり，

　　　㊾ ＋ 40 ＝ ㊽ ＋ 48

という式が成り立つ。この式を整理すると，

　　　④ ＝ 8

　　　① ＝ 2

という関係が成り立つことがわかる。つまり，全体の仕事量を□で表すと，

　　　㊽ ＋ 48 ＝ 96 ＋ 48

　　　　　　＝ 144

となるんだ。ここまで大丈夫かな？

　さて，36日でこの仕事を完成させるためには，どうすればいいかな？　まずは，**1日あたりの仕事量は**，

　　　　144 ÷ 36 ＝ 4

だね。

　今，Aさんの1日あたりの仕事量が①.3 ＝ 2.6 だから，Bさんは，

　　　　4 － 2.6 ＝ 1.4

の仕事をしないといけない。

　つまり，Bさんは仕事の速さを **1.4倍にすればいい**わけだね。

答え

1.4 倍

(2)の解き方

　問題文の意味がわかったかな？　要するに「A，B，Cさんの3人でこの仕事をするんだけど，途中からCさんと同じ仕事ができるDさんが助っ人で加わる。Dさんが何日目で加われば26日でこの仕事が終わるか」ということだね。

　まずは，Cさんの仕事量を求めてみよう。

　問題文の前半で，「はじめの8日間はAさんとBさんの2人で，9日目からはAさん，Bさん，Cさんで作業をして，32日で完成する」とある。つまり，**Aさん，Bさんは32日間仕事をして，Cさんは 32 － 9 ＋ 1 ＝ 24（日間）仕事をする**わけだね。

　ということは，全体の仕事量 144 からAさんとBさんの32日間の仕事量を引くと，

$$144 － (① ＋ 1) × 32 ＝ 144 － (2 ＋ 1) × 32$$
$$＝ 144 － 3 × 32 \qquad 注意！$$
$$＝ 144 － 96$$
$$＝ 48$$

　つまり，**Cさんは24日間で 48 の仕事をする**ことになるね。ということは，Cさんの1日あたりの仕事量は，

　　　　48 ÷ 24 ＝ 2

となるよ。Dさんの1日あたりの仕事量はCさんと同じなので，こちらも 2 となるんだね。

さて，問題文の後半を見ていこう。この仕事をAさんBさんCさんの3人で26日間続けると，その仕事量は，

$$(① + \boxed{1} + \boxed{2}) \times 26 = (\boxed{2} + \boxed{1} + \boxed{2}) \times 26$$
$$= \boxed{5} \times 26$$
$$= \boxed{130}$$

となるね。全体の仕事量は $\boxed{144}$ だから，

$$\boxed{144} - \boxed{130} = \boxed{14}$$

をDさんにお願いする形になるわけだ。Dさんの1日あたりの仕事量は $\boxed{2}$ だから，

$$\boxed{14} \div \boxed{2} = 7$$

つまり，**Dさんが7日間手伝ってくれれば**，この仕事は26日間で終わらせることができるわけだ。Dさんは最後の7日間だけ手伝ってくれればいいから，

$$26 - 7 + \underline{1} = 20（日目）$$

から手伝ってくれればいいわけだね。

注意！

全体の仕事量やそれぞれの1日あたりの仕事量を，うまく記号と数字を使っておくと，解法の見通しが立ちやすくなるので，こういった考え方をしっかり身につけていこう！

答え

20日目（から）

ニュートン算

> ### 問 題
>
> 　開園前，450 人の行列ができているテーマパークがあります。開園後，毎分 27
> 人ずつがこの行列に加わります。入園ゲートを 6 か所開けると，開園してから 50
> 分後に並ぶ人がいなくなりました。このとき，次の各問いに答えなさい。ただし，
> どのゲートも 1 分間に通過できる人数は同じものとします。
>
> (1) 開園してから 50 分間で入園した人数は何人ですか。
>
> (2) ゲート 1 か所につき，1 分間に通過できる人数は何人ですか。
>
> (3) ゲートを 9 か所開けた場合，何分何秒で並ぶ人がいなくなりますか。
>
> (4) 開園してから 11 分以内にゲートに並ぶ人がいなくなるようにするためには，
> 　　ゲートを最低何か所開ければよいですか。
>
> 〈山手学院中学校　2022 年(改題)〉

　さぁ，この問題では，もともと並んでいる 450 人だけじゃなく，どんどん人数が増え
ていくわけだね。**最初に一定の数があり，さらにその後も一定の割合で数が増えていく，**
こういうタイプの問題を，**ニュートン算**といったりするんだ。

　例えば，お風呂にお湯がたまっていて，栓を抜いて水を排出しながら蛇口から水を入
れ続ける問題なんかも，ニュートン算の有名な設定だよ。

　問題を通して，ニュートン算の考え方を身につけていこう！

(1)の解き方

50 分の間に増えた人数は，

$$27 \times 50 = 1350 (人)$$

だね。この 1350 人と，もともと並んでいた 450 人が，50 分で入園した人たちなので，

$$450 + 1350 = \textbf{1800} (人)$$

答 え

1800 人

◀ (2)の解き方 ▶

50分間で, 1800人の来園者に6つのゲートで対応したわけだから, 1つのゲートでは,

$$1800 \div 6 = 300(人)$$

だね。1つのゲートで300人の来園者に50分で対応したので, 1分あたりだと,

$$300 \div 50 = 6(人)$$

● 答え

6人

◀ (3)の解き方 ▶

さぁ, ここがニュートン算のポイントだ。ゲートが9つの場合, 何分で並んでいる人数が0人になるだろうか。こういうときは, 線分図をかいて考えてみると, 状況が整理できるよ。

〜解き方のヒント!

行列がなくなるまでに□分かかったとすると, 次のような図がかける。

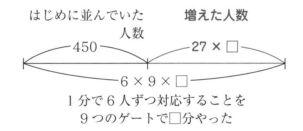

はじめに並んでいた人数　　増えた人数

450　　　27 × □

6 × 9 × □

1分で6人ずつ対応することを
9つのゲートで□分やった

これにより, 次のような式が立てられるね。

$$450 + 27 \times \square = 6 \times 9 \times \square$$
$$450 + 27 \times \square = 54 \times \square$$

ここから,

$$27 \times \square = 450$$

となるので,

$$\square = 450 \div 27$$
$$= \frac{450}{27}$$

$$= \frac{50}{3}$$

$$= 16\frac{2}{3}$$

$$= 16\frac{40}{60} \quad \xleftarrow{\text{注意!}}$$

よって，**16 分 40 秒**で行列がなくなることがわかるね。

> 線分図に整理することで，式の見通しが立ちやすくなるよ。

答え

16 分 40 秒

◀ **(4)の解き方**

さぁ，今度はどう考えていこうか！ 11 分以内にゲートに並ぶ人数を 0 にしたいのだけど，11 分「以内」というのが少し難しく感じるよね。(3)でゲートを 9 つ開けたけど 16 分 40 秒かかっているので,開けるゲートの数は 10 か所以上であることは間違<ruby>違<rt>ちが</rt></ruby>いない。

だから，「ゲートが 10 か所」「ゲートが 11 か所」「ゲートが 12 か所」……と全部調べあげて，11 分以内になるものを探すという手もあるね。ただ，少し時間がかかってしまうので，工夫して解いていこう。もし，**11 分ぴったりで行列が 0 になったとすると**，何人の人が入園したことになるかな？ そう，

$$450 + 27 \times 11 = \textbf{747（人）}$$

だね。ということは，**11 分で 747 人以上の人数に対応できるゲート数**を考えればいいわけだね。ゲート数を□とおいておくと，

解き方のヒント！

$$6 \times \square \times 11 \geqq 747$$

という式が成り立つような□を探せばいいわけだ。この式は，

$$66 \times \square \geqq 747$$

$$\square \geqq \frac{747}{66} = \frac{249}{22} = 11\frac{7}{22}$$

となるから，□は**12 以上の整数**になる。ということで，答えは **12 か所**となるんだ。

答え

12 か所

第3章
場合の数と規則性

並べ方と組み合わせ

問題 1

　A，B，C，D，Eの5文字から3文字を選んで並べるとき，並べ方の総数は何通りあるか求めなさい。

並べ方の問題を解く

　まずは，**場合の数**の考え方をしっかり学習していこう。

　並べる問題について確認をしていこう。**しっかり数え上げるためには，樹形図をかいてみるといいね。** まずは，樹形図をかいてみたらどうなるかな？

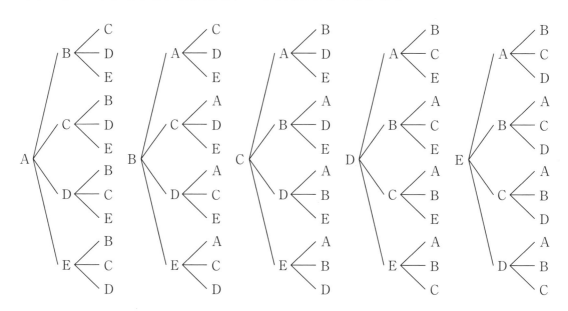

　このようになるね。ここから1つずつ数えてもいいんだけど，樹形図を見てみると計算の仕方は簡単にわかるよね。それぞれ，**一番左におけるのは5通り，真ん中におけるのは一番左以外の4通り，一番右におけるのは残りの3通り**だから，式は5×4×3となる。計算すると，**60通り**が答えだね。

答え

60通り

さて，このように，**異なる5個のものから3個を選んで並べる方法の総数**を $_5P_3$ と表すんだ。すなわち，

$$_5P_3 = 5 \times 4 \times 3$$

となる。この記号は高校で習う記号なんだけど，便利なのでぜひ知っておこう。また，$_3P_3 = 3 \times 2 \times 1$，$_5P_5 = 5 \times 4 \times 3 \times 2 \times 1$ ってなるんだけど，これらはそれぞれ3!，5!と表すんだ。

「!」を階乗と読むんだけど，

$$_3P_3 = 3! = 3 \times 2 \times 1, \quad _5P_5 = 5! = 5 \times 4 \times 3 \times 2 \times 1$$

となるので，この記号も合わせて覚えておこう！

簡単に練習してみるよ！

▷ **問題2**

(1) 次の計算をしなさい。

　　① $_6P_3$ 　　　　　② $_8P_4$ 　　　　③ 4!

(2) 10人から，委員長1人，副委員長1人，書記1人，計3人を選ぶ方法は何通りあるか求めなさい。

▷ **(1)の解き方**

① 異なる6個のものから3個を選んで並べる方法の総数なので，

　　$_6P_3 = 6 \times 5 \times 4 = $ **120**

② 異なる8個のものから4個を選んで並べる方法の総数なので，

　　$_8P_4 = 8 \times 7 \times 6 \times 5 = $ **1680**

③ $4! = 4 \times 3 \times 2 \times 1 = $ **24**

● **答え**

① 120　② 1680　③ 24

◀ **(2)の解き方** ▶

　10人から委員長1人，副委員長1人，書記1人を選ぶというのは，**3人を選んで一列に並べて**，左から委員長，副委員長，書記とすることと同じだから，結局10人から3人を選んで並べればいいんだね。つまり，

$$_{10}P_3 = 10 \times 9 \times 8 = 720（通り）$$

とわかるね。

　並べ方の基本は樹形図をかいて考えることなんだけど，計算で簡単に求められるものもあるので，計算の仕方もしっかり確認しておこう。

● **答え**

720通り

◀ **問題3** ▶

　A，B，C，D，Eの5文字から3文字を選ぶとき，選び方の総数は何通りあるか求めなさい。

〈城西川越中学校　2022年（改題）〉

◀ **組み合わせ方の問題** ▶

　さて，**並べ方**との違い_{ちが}はわかるかな？　並べ方は「選んで並べる」という，まさに「順番」を聞いている問題だったよね。だけど，今回は「選び方」，つまり**組み合わせ**を考える問題なんだ。例えば，

　　（A，B，C）という並べ方と（C，A，B）という並べ方

は，異なる並べ方だけど，選んでいる3文字は同じだよね。つまり，**組み合わせで考えたとき，上の2つは同じものとしてカウントする必要がある。**

　さて，まずは**樹形図**を使って数えてみよう。右図のようになるね。ということで，総数は**10通り**ある。

　樹形図をかくポイントは，ズバリ

　　「**後戻り禁止！**」_{もど}

ということなんだ。どういうことかというと，例えば，

　　A−C−B　……　☆

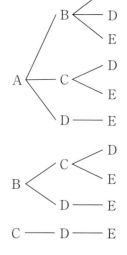

というのはこの樹形図には出てこないね。それは，すでに

    A－B－C

というのがあり，**同じ組み合わせになっているから**なんだ。

　この☆で，C－B というところがあるね。アルファベットの並び順でいうとこれは後戻りしていることになる。

　これを加えてしまうと，すでに書き出している組み合わせとダブることになるんだ。組み合わせの樹形図は「後戻り禁止！」と覚えておこう！

                                        — 注意！

　さぁ，今度はこれを計算で出せないか考えてみよう。(A，B，C) と (C，A，B) のように，並べ方として異なっていても，組み合わせとしては同じである並べ方を「兄弟」と呼ぶことにしよう。では，この兄弟は何人（いくつ）いるかな？

　A，B，C の３文字を１列に並べたときの，並べ方の総数は $_3P_3 = 3 \times 2 \times 1 = 6$（通り）あるわけだから，**兄弟は６人いる**ことになるね。

　つまりこういうことがいえるんだ。

並べ方として考えると
$3 \times 2 \times 1 = 6$（通り） ← $\left\{\begin{array}{l} \text{ABC} \\ \text{ACB} \\ \text{BAC} \\ \text{BCA} \\ \text{CAB} \\ \text{CBA} \end{array}\right\}$ → 組み合わせとして考えると
1通り

　では，この６人兄弟の集まりを「家族」と呼ぶことにしよう。下に書いたものは，**A，B，C，D，E の５文字から３文字を選んで並べたとき**の，すべての並べ方だよ。

　これを兄弟ごとにグループにしていったものを□で囲むと，次のようになるね。

ABC	ABD	ABE	ACD	ACE	ADE	BCD	BCE	BDE	CDE
ACB	ADB	AEB	ADC	AEC	AED	BDC	BEC	BED	CED
BAC	BAD	BAE	CAD	CAE	DAE	CBD	CBE	DBE	DCE
BCA	BDA	BEA	CDA	CEA	DEA	CDB	CEB	DEB	DEC
CAB	DAB	EAB	DAC	EAC	EAD	DBC	EBC	EBD	ECD
CBA	DBA	EBA	DCA	ECA	EDA	DCB	ECB	EDB	EDC

　このように，全部で 10 組の家族ができたね。ということは，

$$\frac{\text{５人から３人を選んで並べる方法}}{\text{３人を並べる方法}} = \frac{5 \times 4 \times 3}{3 \times 2 \times 1} = 10（通り）$$

となる。5人から3人を選ぶときの，選び方の総数を $_5\mathrm{C}_3$ と表すと，$_5\mathrm{C}_3 = \dfrac{_5\mathrm{P}_3}{3!}$ というようになるんだね。

例えば，

5人から2人を選ぶ方法は，$_5\mathrm{C}_2 = \dfrac{5 \times 4}{2 \times 1} = 10$（通り）

7人から3人を選ぶ方法は，$_7\mathrm{C}_3 = \dfrac{7 \times 6 \times 5}{3 \times 2 \times 1} = 35$（通り）

となるんだ。「**いったん並べてから，同じものの数で割っている**」というのがこの計算の意味なんだね。

さぁ，いろいろと練習してみたいところだけど，その前にもう少しだけ。組み合わせの計算にはちょっとした補足があるので，確認しておこう。

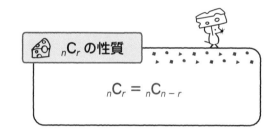

これは，どういう意味かわかるかな？ 例えば，$_5\mathrm{C}_3$ というのは，異なる5つのものから，3つを選ぶという意味だったよね。ということは，選ばないものを2つ選ぶと考えてもいいわけだね。

（5つから3つを選ぶ）＝（5つから，選ばないものを2つを選ぶ）

したがって，$_5\mathrm{C}_3 = {}_5\mathrm{C}_2$ となるわけなんだ。

例えば，「100人から98人の選び方」をふつうに考えると，

$$_{100}\mathrm{C}_{98} = \frac{100 \times 99 \times 98 \times \cdots\cdots \times 5 \times 4 \times 3}{98 \times 97 \times 96 \times \cdots\cdots \times 3 \times 2 \times 1}$$

という計算になるんだけど，「**100人から2人の『仲間外れ』の選び方**」と考えれば，

$$_{100}\mathrm{C}_2 = \frac{100 \times 99}{2 \times 1} = 4950\text{（通り）}$$

と求めやすくなるね。OK？ じゃあ練習していこう！

10通り

(1) 次の計算をしなさい。

   ① $_6C_3$ ② $_7C_5$ ③ $_{10}C_7$

(2) 男子 6 人，女子 5 人の中から，男子 3 人と女子 3 人を選ぶとき，選び方は何通りあるか求めなさい。

◁ **(1)の解き方** ▷

① $_6C_3 = \dfrac{_6P_3}{3!} = \dfrac{6 \times 5 \times 4}{3 \times 2 \times 1} = 20$

② $_7C_5 = {}_7C_2 = \dfrac{_7P_2}{2!} = \dfrac{7 \times 6}{2 \times 1} = 21$

③ $_{10}C_7 = {}_{10}C_3 = \dfrac{_{10}P_3}{3!} = \dfrac{10 \times 9 \times 8}{3 \times 2 \times 1} = 120$

答え

① 20 ② 21 ③ 120

◁ **(2)の解き方** ▷

男子の選び方が $_6C_3 = 20$（通り），女子の選び方が $_5C_3 = 10$（通り）あるね。男子の選び方 20 通りそれぞれに対して，女子の選び方が 10 通りあるから，

    $20 \times 10 = 200$

200 通りの選び方があるね。

答え

200 通り

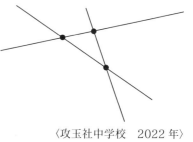

問題 5

次の図のように，どの 2 本の直線も必ず交わり，どの 3 本の直線も同じ点で交わらないように直線をひいていきます。直線を 7 本ひくとき，交わる点の数は □ 個です。

〈攻玉社中学校　2022 年〉

交点の数を考える

7 本の直線を引いて交点の数を数えることもできなくはないけど，ちょっと大変だよね？ 少し工夫をしてみよう！

交点は「2 つの直線」があって 1 つの交点ができるよね？ つまり，**2 本の直線を選べば，交点を 1 つ求めることができる**わけだ。例えていうなら，2 つの直線が親で，交点が子供のようなものだね。

ということは，**2 つの直線の組み合わせの数だけ，交点が現れる**ということだ！

つまり，

　　　（2 つの直線の組み合わせ）＝（交点の数）

ということだ！　〜解き方のヒント！

異なる 7 つの直線から 2 つの直線を選ぶわけだから，

$$_7\mathrm{C}_2 = \frac{7 \times 6}{2 \times 1} = 21$$

ということで，答えは 21 個だね！

2 つの直線を選ぶと
1 つの交点が現れる！

答え

21（個）

並べ方も組み合わせも，P や ! や C といった記号ではなく，なぜそのような計算をするといいのかを理解しておくことが大切なので，何度も繰り返し練習してみよう！

70

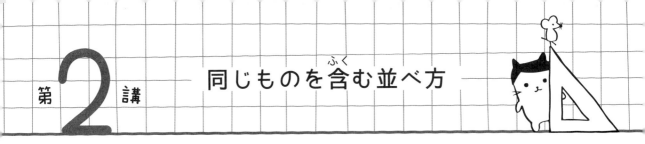

A, A, A, B, C の5文字を1列に並べるとき, 並べ方は何通りあるか求めなさい。

同じものがあるときの並べ方

これまでは「異なる○個」という設定で問題を扱ってきたけど, この問題のように, **同じものを含む場合の並べ方はどう考えればいいかな?**

この問題を「5個を一列に並べるだけだから5!通り」としてしまうのはもちろん誤り。5!や $_5P_3$ などは,「異なる○個」であることが前提にあるからなんだ。

今回はAが3文字あるけど, まずこの5文字を, いったん「すべて区別できる」ようにして考えてみよう。3つのAに番号をつけて, 5文字を A_1, A_2, A_3, B, Cとして, 区別して1列に並べてみよう。

このときは, **異なる5個の並べ方だから, 5!通り**と考えて問題ないね。5!通りは次のようになっているはずだね。

$A_1A_2A_3BC$	$A_1A_2BA_3C$	$A_1BA_2A_3C$	$BA_1A_2A_3C$
$A_1A_3A_2BC$	$A_1A_3BA_2C$	$A_1BA_3A_2C$	$BA_1A_3A_2C$
$A_2A_1A_3BC$	$A_2A_1BA_3C$	$A_2BA_1A_3C$	$BA_2A_1A_3C$
$A_2A_3A_1BC$	$A_2A_3BA_1C$	$A_2BA_3A_1C$	$BA_2A_3A_1C$
$A_3A_1A_2BC$	$A_3A_1BA_2C$	$A_3BA_1A_2C$	$BA_3A_1A_2C$
$A_3A_2A_1BC$	$A_3A_2BA_1C$	$A_3BA_2A_1C$	$BA_3A_2A_1C$

………

さて, すべて並べると 5! = 120(通り)になってしまうんだけど, 長方形で囲まれているグループをそれぞれ見てみよう。これらは, **A_1, A_2, A_3 を区別しなかった場合は, 同じ並び方になる**よね。

例えば, 一番左の長方形では, すべてがAAABCという並び方になっているね。

組み合わせの説明でも出てきたけど,「兄弟と家族」の考え方を用いてみよう。長方形で囲まれたものたちを「兄弟」と呼び, 兄弟全員が集まったグループを「家族」と呼ぶとしよう。

今求める並べ方は「何家族あるのか」を数えればいいわけだよね？

1家族の構成人数は，A_1，A_2，A_3 の並び替えである 3！＝6（人）だね。1家族が6人の兄弟で構成されているんだ。だから，**全体の人数である120を1家族あたりの人数である3！で割れば，家族の数，すなわち，A，A，A，B，C の並べ方がわかる**ね。

$$\frac{5!}{3!} = \frac{5 \times 4 \times 3 \times 2 \times 1}{3 \times 2 \times 1} = 20$$

だから，並べ方は**20通り**あることがわかるんだ。

まずは全体を「異なるもの」として数えて，その後に「同じもの」の数で割れば，同じものを含む並べ方を求めることができるんだね。

答え

20通り

問題2

　A，A，A，B，B，C の6文字を1列に並べるとき，並べ方は何通りあるか求めなさい。

同じものを含む並べ方の公式

　今度は，B も同じものになっているけど，A_1，A_2，A_3，B_1，B_2，C と，全部区別して並べてから，**A_1，A_2，A_3 を並べ替えた3！通りのそれぞれに B_1，B_2 を並べ替えた2！通りが重複している**から，これで割ればいいわけだね。だから，

$$\frac{6!}{3! \times 2!} = \frac{6 \times 5 \times 4 \times 3 \times 2 \times 1}{3 \times 2 \times 1 \times 2 \times 1} = 60$$

つまり，**60通り**と求められるんだ。

どうかな？　少し慣れてきたかな!?　これを公式でまとめると次のようになるんだ。

> ### 同じものを含む並べ方
>
> n 個のもののうちで，p 個が同じ，q 個が同じ，r 個が同じであるとき，
>
> n 個の並べ方の総数は $\dfrac{n!}{p! \times q! \times r!}$

ちなみに，次のように考えることもできるんだ。ちょっと応用編だけど，紹介するね。実は，僕個人的には，次の考え方のほうが好き。A，A，A，B，B，C の6文字を1列に並べる問題を別の解法で考えてみよう。

ステップ1　□を6個並べる。
　　　　　　左から順に番号をつける。

ステップ2　A が入る□を3か所決める。（$_6C_3$ 通り）
　　　　　　仮に，1，3，5とする。

ステップ3　次に，残った3個の□から，B を入れる
　　　　　　2か所を決める。（$_3C_2$ 通り）
　　　　　　仮に2，6とする。

ステップ4　残った□に C を入れる。（$_1C_1$ 通り）
　　　　　　この場合だと4。

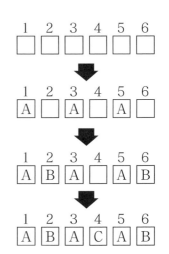

このようにすれば，A，A，A，B，B，C の並べ方は，

$$_6C_3 \times _3C_2 \times _1C_1 = 20 \times 3 \times 1 = 60（通り）$$

として求めることができるんだ。

場所をつくり，そこにものを置いていくという考え方で，非常にシンプルだよね。こちらの考え方も，**同じものを含む並べ方の公式と同じように大切**であるので，できればマスターしておこう！

答え

60通り

問題3

　みかんが1個，りんごが2個，メロンが2個あります。これをA，B，C，D，Eの5人に1個ずつ配るとき，配り方は □□□□□ 通りあります。

〈法政大学中学校　2022年〉

　この問題は「みかん1個，りんご2個，メロン2個を1列に並べる」状況を想定してみよう。

　例えば，次のような感じだ。

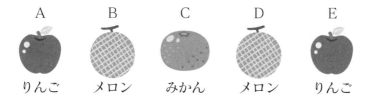

| A | B | C | D | E |
| りんご | メロン | みかん | メロン | りんご |

　このとき，Aはりんご，Bはメロン，Cはみかん，Dはメロン，Eはりんごが配られることになる。

　こうして考えてみると，結局は「みかん1個，りんご2個，メロン2個を1列に並べたら何通りあるか?」と考えればいいことわかるね!

　りんごとメロンはそれぞれ2個ずつあるから，**同じものを含む並べ方を考えればいい**ことがわかるね。

解き方のヒント!

　つまり，式は

$$\frac{5!}{2! \times 2!} = \frac{5 \times 4 \times 3 \times 2 \times 1}{2 \times 1 \times 2 \times 1} = 30$$

ということで，この配り方は**30通りある**ね!

答え

30（通り）

倍数の判定

問題

　A，B，Cの3つの箱に，整数の書かれたカードが以下のように入っています。

　　箱A：1から5が書かれたカードが1枚ずつ，計5枚

　　箱B：1，3，5が書かれたカードが1枚ずつ，計3枚

　　箱C：0から9の書かれたカードが1枚ずつ，計10枚

　3つの箱からカードを1枚ずつ取り出して，Aから取り出したカードの数を百の位，Bから取り出したカードの数を十の位，Cから取り出したカードの数を一の位とした3桁（けた）の整数Xをつくります。このとき，次の問いに答えなさい。

(1) Xが4の倍数となる取り出し方は何通りありますか。

(2) Xが3の倍数となる取り出し方は何通りありますか。

(3) Xが12の倍数となる取り出し方は何通りありますか。

〈洗足学園中学校　2022年(改題)〉

各倍数の判定法をまとめたよ。これらはすべて覚えておこう。

　🧀 **倍数の判定法**

　　　2の倍数　…　一の位が偶数（ぐうすう）

　　　3の倍数　…　各位の数の和が3の倍数

　　　4の倍数　…　下2桁が4の倍数

　　　5の倍数　…　一の位が5の倍数

　　　6の倍数　…　偶数かつ3の倍数

　　　8の倍数　…　下3桁が8の倍数

　　　9の倍数　…　各位の数の和が9の倍数

それぞれ，なぜそうなるのか説明していこう。「2の倍数」や「5の倍数」は説明不要だと思うので，それ以外を見ていこう！

〈3の倍数〉

例えば，百の位がA，十の位がB，一の位がCの3桁の整数ABCを考えてみよう。この数は，

$$100 \times A + 10 \times B + 1 \times C$$

と表すことができるね。

これを，次のように変形してみよう。

$$100 \times A + 10 \times B + 1 \times C = (99 \times A + A) + (9 \times B + B) + C$$
$$= \underline{99 \times A + 9 \times B} + \underandwavy{A + B + C}$$

下線＿＿を引いた部分は，

$$99 \times A + 9 \times B = 3 \times (33 \times A + 3 \times B)$$

と変形できるから，3の倍数だね。ということは，**波線＿＿の部分A＋B＋Cが3の倍数になれば，この3桁の整数は3の倍数になる**ね。

〈4の倍数〉

千の位がA，百の位がB，十の位がC，一の位がDの4桁の整数ABCDを考えてみよう。この数は，

$$1000 \times A + 100 \times B + 10 \times C + 1 \times D$$

と表せるんだけど，$1000 \times A + 100 \times B$ は4の倍数だよね。

$$1000 \times A + 100 \times B = 4 \times (250 \times A + 25 \times B)$$

と変形できるもんね。ということは，$10 \times C + 1 \times D$，つまり**下2桁が4の倍数であれば，この整数は4の倍数になる**ね！

〈6の倍数〉

6の倍数ということは，2の倍数でもあり3の倍数でもある数だから，2つの倍数の判定法を同時に満たせばいいわけだね！

〈8の倍数〉

一万の位がA，千の位がB，百の位がC，十の位がD，一の位がEの5桁の整数ABCDEを考えてみよう。この数は，

$$10000 \times A + 1000 \times B + 100 \times C + 10 \times D + 1 \times E$$

と表せるんだけど，$10000 \times A + 1000 \times B$ は8の倍数だよね。

$$10000 \times A + 1000 \times B = 8 \times (1250 \times A + 125 \times B)$$

と変形できるもんね。ということは，$100 \times C + 10 \times D + 1 \times E$，つまり**下3桁が8の倍数であれば，この整数は8の倍数**になるね！

〈9の倍数〉

例えば，百の位がA，十の位がB，一の位がCの3桁の整数ABCを考えてみよう。この数は，

$$100 \times A + 10 \times B + 1 \times C$$

と表すことができるね。これを，次のように変形してみよう。

$$100 \times A + 10 \times B + 1 \times C = (99 \times A + A) + (9 \times B + B) + C$$
$$= \underline{99 \times A + 9 \times B} + \underset{\sim\sim\sim\sim}{A + B + C}$$

下線＿＿＿を引いた部分は，

$$99 \times A + 9 \times B = 9 \times (11 \times A + B)$$

と変形できるから，9の倍数だね。ということは，**波線＿＿＿の部分A＋B＋Cが9の倍数になれば，この3桁の整数は9の倍数**になるね。

さぁ，確認が終わったので，解説に入ろう。

◀ (1)の解き方 ▷

Xが4の倍数ということは，**下2桁が4の倍数になればいい**わけだね。十の位はBの箱のカードの数だから1，3，5，一の位はCの箱だから0から9までの数が使えるので，下2桁が4の倍数になるような数を書き出すと，

12, 16, 32, 36, 52, 56

の6通りがあるね。

百の位はAの箱のカードの数，つまり1から5までの数が使えるから，

$$6 \times 5 = 30$$

つまり，**30通り**になるね！

● 答え

30通り

 **(2)の解き方**

Ｘが３の倍数となるような取り出し方を考えていくんだけど，**すべての位の数を足して３の倍数になるとき，その数は３の倍数になるんだった**よね。

箱Ａと箱Ｂのカードの数は限られているから，まずはこの２つの数の取り出し方を考えて，和をとってみよう。そして，一の位に何がくればいいかを樹形図にしてみよう。

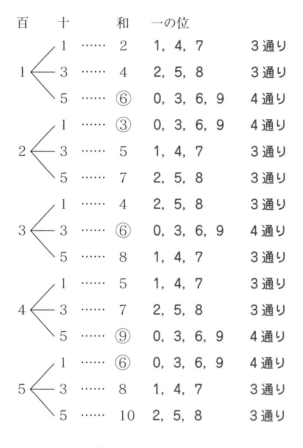

注意しないといけないのは，和に○がついている数だ。このときは，一の位が０，３，６，９と**４通りの**選び方があるね。それ以外は**３通り**ずつの選び方があるから，３の倍数になる取り出し方は，

$$4 \times 5 + 3 \times 10 = 50$$

50通りあることがわかるね。

答え

50通り

X が 12 の倍数となるのは，3 の倍数かつ 4 の倍数となるときだね。

(1)から，**百の位を□として 4 の倍数になる数を並べてみよう**。□に 1 から 5 のうち，どの数が入れば X が 3 の倍数になるかな。各位を足して 3 の倍数になるように□に入る数を選んでいくと，次のようになるね。

$$
\begin{array}{ccc}
百 & 十 & 一 \\
\square & 1 & 2 \quad \cdots\cdots \quad \square = 3 \\
\square & 1 & 6 \quad \cdots\cdots \quad \square = 2,\ 5 \\
\square & 3 & 2 \quad \cdots\cdots \quad \square = 1,\ 4 \\
\square & 3 & 6 \quad \cdots\cdots \quad \square = 3 \\
\square & 5 & 2 \quad \cdots\cdots \quad \square = 2,\ 5 \\
\square & 5 & 6 \quad \cdots\cdots \quad \square = 1,\ 4 \\
\end{array}
$$

これより，X が 12 の倍数となるのは，**10 通り**とわかるね。

答え

10 通り

倍数の判定法はとても重要なので，しっかりと覚えておこう！

　次の文章は，　　　　で囲まれた問題について，太郎さんと花子さんが会話をしているものです。会話中の空欄**ア〜オ**に適切な数を入れなさい。

> 数が並んでいるものを数列といいます。次の数列は，ある規則に従っています。
>
> 　　　1，2，5，10，17，……
>
> この数列の 100 番目の数は何か求めなさい。

太郎：うーん，パッと見ただけだと規則がわからないね。どうしよう。

花子：そういえば先生がヒントを言っていたよ！「隣り合っている数の差をとってごらん」って。

太郎：あ！ そういえば，言っていたね！ よし，やってみよう！ 差をとってみるとこうなるね。

　　　　　　1，2，5，10，17，……
　　　　　　 ∨ ∨ ∨ ∨
　　　　　差1　3　5　7

花子：あ！ この数列は，規則がわかる！ 1，3，5，7，…… と 2 ずつ増えていってるね！ 確か，こういう数列を等差数列っていうんだよね！

太郎：そうだね！ そういえば，僕もお兄ちゃんに聞いたんだけど，数列の差をとった数列を階差数列っていうらしいよ。

花子：そうなんだ！ つまり，この数列は階差数列が等差数列になっているんだね！ ふと気になったんだけど，1，3，5，7，……っていう数列は，奇数が並んでいる数列でもあるんだね。

　　　この数列の 20 番目の数って何になるのかな？

太郎：書き出していくのは大変だから，計算で出してみよう！ 最初の数が 1 で，そこから 2 をどんどん足していくんだよね？ 20 番目は，最初の 1 に，2 を　**ア**　回足せばいいから，

　　　　　$1 + 2 \times \boxed{\text{ア}} = \boxed{\text{イ}}$

と求めることができるね。

ところで，この 20 番目までの数の和はどうやって求めればいいかな？

花子：1＋3＋5＋7＋……＋ ┃ イ ┃ ってことだよね？ そのまま足していくの
　　　も大変だよね……　あ！ わかった！ 最初の数と 20 番目の数を足してみ
　　　て！ あと，2 番目の数と 19 番目の数，3 番目の数と 18 番目の数も足し
　　　てみて。

太郎：すごい！ 全部 ┃ ウ ┃ になる！

花子：足して ┃ ウ ┃ になるペアがたくさん作れるね！ 全部で 20 個の数列だか
　　　ら，ペアは 20 ÷ 2 ＝ 10（個）だね！ ということは，この和は，

　　　　　　1＋3＋5＋7＋……＋ ┃ イ ┃ ＝ ┃ エ ┃

　　　となるね！

太郎：すごい！ じゃあ，もとの数列に戻ってみようよ。例えば，21 番目の数は
　　　どうなるかな。

花子：この図を見て！

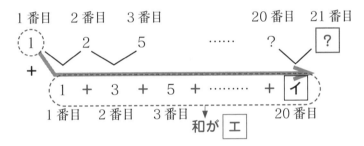

　　　こうして考えてみると，21 番目の数は最初の数 1 に， ┃ エ ┃ を足した数
　　　になっているよ！

太郎：本当だ！ 21 番目の数は，「階差数列の最初の数から 20 番目の数までの和」
　　　を，もとの数列の最初の数 1 に加えた数だったんだね！ これなら，もとも
　　　との数列の 100 番目の数を求められそうだね！

花子：うん！ 計算してみると……できた！ ┃ オ ┃ になったね！

▶ **等差数列の考え方**

すてきな会話が繰り広げられているね！（笑）

　さて，**数列の問題**なんだけど，花子さんが「1，3，5，7，……　と 2 ずつ増えていっ
てるね！ 確か，こういう数列を等差数列っていうんだよね！」と言っているように，こ
のような数列を**等差数列**というんだ。

　今回は 2 ずつ増えていってるんだけど，この 2 のことを**公差**というんだ。花子さんと

太郎君の会話から，この数列の 20 番目の数を求めるんだけど，**最初の 1 に 2 を何回足しているかな？** 次の〈図 1〉を見てみよう。

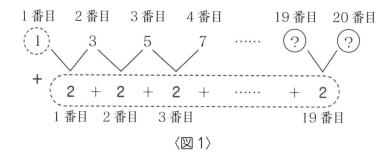

〈図 1〉

　この図を見れば，**20 番目の数は，最初の数 1 に 2 を 19 回足している**ことがわかるね。よって，**ア**には **19** が入るんだ。また，20 番目の数**イ**は，

$$1 + 2 \times 19 = 39$$

となるんだね。

　等差数列の n 番目の数は，次の式で求めることができるので，ぜひ覚えておこう！

> （等差数列の n 番目の数）＝（最初の数）＋（公差）×（$n-1$）

　さぁ，この等差数列だけど，20 番目まで書いたものが次の〈図 2〉なんだ。花子さんが言う通り，**最初の数と 20 番目の数，2 番目の数と 19 番目の数，3 番目の数と 18 番目の数，……**，というように，下の図のようなペアを作って足してみよう。

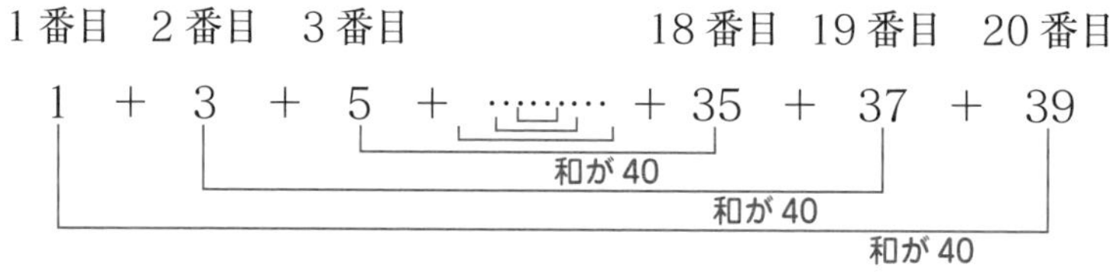

```
1番目  2番目  3番目           18番目  19番目  20番目
  1  +  3  +  5  + ……… + 35  +  37  +  39
                      和が40
              和が40
      和が40
```

〈図 2〉

　こうしてみると，**すべて 40 になる**ことが確認できたね。よって，**ウ**には **40** が入るよ。

　〈図 2〉からわかるように，和が 40 となるペアは，$20 \div 2 = 10$（個）作れるので，この数列の和は

$$1 + 3 + 5 + 7 + \cdots + 39 = 40 \times 10 = 400$$

となるんだね。よって，**エ**は **400** だ。

このことから，等差数列の和の公式を導くことができるね。

$$（等差数列の和）＝\{（最初の数）＋（最後の数）\}×\frac{（数の個数）}{2}$$

ちなみに，**奇数の数列の和はとても面白くて**，n 番目の数までの和は，必ず $n×n$ に**なっているんだ。**20 番目までの奇数の和だと，$20×20＝400$ になっているね！

話をもとに戻そう。それでは，最後の問題である，100 番目の数を求めていこう。〈図3〉のように考えてみよう。

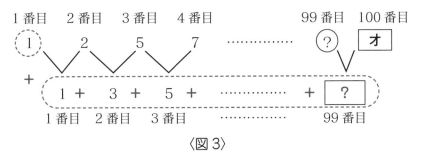

〈図3〉

こうして考えると，100 番目の数は

　　1 ＋(階差数列の最初の数から 99 番目の数までの和)

として求めることができるね。階差数列の 99 番目の数を求めてみよう。

　等差数列の公式から，

$$（99 番目の数）＝1 ＋ 2 ×（99 － 1）$$
$$＝1 ＋ 196$$
$$＝197$$

となるね。ということは，階差数列の最初の数から 99 番目の数までの和は，

$$(1 ＋ 197)×\frac{99}{2}＝198×\frac{99}{2}$$
$$＝99 × 99$$
$$＝9801$$

となるね。

　ということで，もとの数列の 100 番目の数は，

$$1 ＋ 9801 ＝ 9802$$

となるから，**オ**は **9802** になるんだね。

「もとの数列」と「階差数列」の2つを扱うような問題は、「今、自分は何の数列を扱っているのか？」を意識しておくと、混乱しないと思うよ！

答え

ア…19　　イ…39　　ウ…40　　エ…400　　オ…9802

問題2

　ある規則にしたがって、分数が次のように並んでいます。18番目の分数は □ です。

$$\frac{1}{1}, \ \frac{1}{2}, \ \frac{2}{4}, \ \frac{1}{7}, \ \frac{2}{11}, \ \frac{3}{16}, \ \frac{1}{22}, \ \frac{2}{29}, \ \frac{3}{37}, \ \frac{4}{46}, \ \frac{1}{56}, \ \cdots\cdots$$

〈法政大学中学校　2022年〉

規則的に並んだ分数の問題

　この数列の規則はわかるかな？　よく見てみると、分子は、

　　1/1, 2/1, 2, 3/1, 2, 3, 4/1, 2, …

といった規則になっているね。この続きを書いていけば、18番目の数の分子はわかるね！

　続きを書いてみよう！

　　①②③④ ……………………………………………… ⑱

　　1/1, 2/1, 2, 3/1, 2, 3, 4/1, 2, 3, 4, 5/1, 2, 3

ということで、**18番目の数の分子は3**だね！

　次に分母の規則を見ていくと、分母は、

　　1, 2, 4, 7, 11, 16, 22, 29, ……

　　　1　2　3　4　5　6　7

となっていて、これは**階差数列が等差数列になっている**ね！

　ということは、18番目の数の分母は、

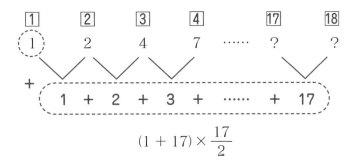

$$(1 + 17) \times \frac{17}{2}$$

$$1 + (1 + 17) \times \frac{17}{2} = 1 + 9 \times 17$$

$$= 154$$

と求められるね。したがって，18 番目の数は $\dfrac{3}{154}$

答え

$$\frac{3}{154}$$

群 数 列

> **問 題**
>
> 　次のように，ある規則にしたがって数が並んでいます。
>
> 　2, 1, 4, 3, 2, 1, 6, 5, 4, 3, 2, 1, 8, 7, 6, 5, 4, 3, 2, 1, ……
>
> (1) 7回目の1は最初から数えて何番目ですか。
>
> (2) 最初から数えて100番目の数を求めなさい。
>
> (3) 最初の数から順にたしていくとき，初めて200を超(こ)えるのは何番目ですか。
>
> 〈頴明館中学校　2022年(改題)〉

　さて，この数列の規則はつかめたかな？　実はあることに気づくと，見通しがよくなるんだ。この数列を，次のように / で区切ってみよう。

　　2, 1／4, 3, 2, 1／6, 5, 4, 3, 2, 1／8, 7, 6, 5, 4, 3, 2, 1／……

どう？　規則はわかったかな？　この / で区切られたカタマリを**群**と呼ぶことにしよう。

　　第1群　　第2群　　　　　第3群　　　　　　　　　第4群
　　2, 1／4, 3, 2, 1／6, 5, 4, 3, 2, 1／8, 7, 6, 5, 4, 3, 2, 1／……

　このように，グループごとに規則があるような数列を**群数列**というんだ。群数列の問題を解くときに大切なことは，「群の中の規則」をきっちりと把握(はあく)することなんだ。そのとき，以下の3つのステップを意識しておくと，群数列はとても扱(あつか)いやすくなるよ。

> ステップ1　第 n 群の中に何個の数があるかを調べる。
> ステップ2　第1群から第 n 群の中に何個の数があるか調べる。
> ステップ3　第 n 群の最初の数と最後の数を調べる。

まず，**第1群，第2群，第3群，第4群の中に何個の数があるか**を調べていくと，2個，4個，6個，8個，となっている。ということは，**第 n 群では，2 × n（個）の数がある**と予測できるね！ これでステップ1はクリアだ！ どう？ 簡単でしょ。

　ステップ2にいってみよう！ **第1群から第 n 群までに何個の数があるか**数えてみよう！

第1群		第2群		第3群		第4群				第 n 群
2個	/	4個	/	6個	/	8個	/	………	/	2 × n 個

何個？

　上の図より，
$$2＋4＋6＋8＋……＋2 × n（個）$$
となっているね。これは別に計算してもしなくても大丈夫！「こうやったら求められるんだな」というのを確認しておいて！

　最後のステップ3だけど，この問題ではとても簡単だね！ 第1群，第2群，第3群，第4群の最初の数は，2，4，6，8で，最後の数はすべて1だね。ということは，**第 n 群の最初の数は 2 × n，最後の数は 1** とわかるね。
　お待たせしました！ これで準備はバッチリだ！ 1問ずつ確認していこう！

◀ **（1）の解き方** ▷

　1は1つの群につき1個しか含まれていないから，7回目の1は第7群の最後の数だね。ということで，第7群までに何個の数があるか数えよう。
　第1群から第7群までの数の個数が，7回目の1の「番目」と一致しているね。ステップ2でやったように，第1群から第7群までの数の個数は，
$$2＋4＋6＋8＋……＋14$$
これは，**等差数列の和**なので，公式を使って，
$$2＋4＋6＋8＋……＋14 = (2＋14) × \frac{7}{2}$$
$$= 16 × \frac{7}{2}$$
$$= 56$$

よって，7 回目の 1 までに 56 個の数があるということだから，7 回目の 1 は最初から数えて **56 番目**の数だね。

答え

56 番目

(2)の解き方

先頭から数えて 100 番目の数が第何群なのか，まずは考えていこう。ここからは少し地道な作業になるよ！ もう一度，ステップ 2 を見てみよう！

$$2 + 4 + 6 + 8 + \cdots + 2 \times n$$

この値がだいたい 100 くらいになるような n を探すんだ。この式も，等差数列の和だから，

$$(2 + 2 \times n) \times \frac{n}{2}$$

ということだね。$n = 7$ のときで 56 だったから，もう少し大きな数で実験してみよう。$n = 10$ はどうだろうか。

$$(2 + 2 \times 10) \times \frac{10}{2} = 110$$

100 を超えたね。$n = 9$ だと，

$$(2 + 2 \times 9) \times \frac{9}{2} = 90$$

となるね。

つまり，こういうことがいえるはずだ。

第 1 群から第 9 群までに 90 個の数があるから，100 番目の数は第 10 群にあることがわかる。第 1 群から第 9 群までに 90 個の数があるということは，91 番目の数が第 10 群の最初の数だね。

第 10 群

91 番目　92 番目　93 番目 ……100 番目

／　20　,　　19　,　　18　, …… ◯ …… 3, 2, 1 ／

したがって，**100 番目の数は，第 10 群の 10 番目の数**だとわかる。 第 10 群の最初の数は，$2 \times 10 = 20$ だから，

　　20, 19, 18, 17, 16, 15, 14, 13, 12, 11

つまり，**11** だね！

答え

11

◀ (3)の解き方

これも群ごとに考えてみよう！ 各群の和を求めてみよう！

　　第 1 群の和……　$2 + 1 = 3$

　　第 2 群の和……　$4 + 3 + 2 + 1 = 10$

　　第 3 群の和……　$6 + 5 + 4 + 3 + 2 + 1 = 21$

　　第 4 群の和……　$8 + 7 + 6 + 5 + 4 + 3 + 2 + 1 = 36$

　　第 5 群の和……　$10 + 9 + 8 + 7 + 6 + 5 + 4 + 3 + 2 + 1 = 55$

となる。ここまでの和を計算すると，

　　$3 + 10 + 21 + 36 + 55 = 125$

　　第 6 群の和……　$12 + 11 + 10 + 9 + 8 + 7 + 6 + 5 + 4 + 3 + 2 + 1 = 78$

となるから，ここまでの和を計算すると，

　　$3 + 10 + 21 + 36 + 55 + 78 = 203$

最後の $2 + 1$ がなければ，ぴったり 200 になっているね。つまり，**第 6 群の 11 番目の数で初めて和が 200 を超える**わけだ。

第 1 群から第 6 群までの数の個数は，ステップ 2 より

$$2 + 4 + \cdots\cdots + 12 = (2 + 12) \times \frac{6}{2}$$
$$= 42$$

より，42 個あるから，最初から数えて **41 番目**の数で初めて和が 200 を超えるね！

答え

41 番目

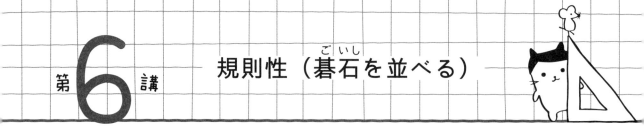

第 **6** 講　規則性（碁石を並べる）

▷ 問　題 ◁

はじめ → 　1 周　 → 　　2 周　 → 　　3 周

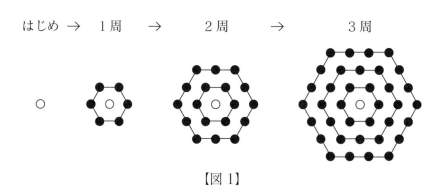

【図 1】

　【図 1】のように，はじめに白石を 1 個置きます。次に，1 周，2 周，…と，はじめの白石を正六角形で囲むように黒石を置いていきます。

　次の各問いに答えなさい。

(1) はじめの白石をちょうど 10 周まで黒石で囲むために必要な石の総数は，はじめの白石を含めて何個ですか。

(2) 黒石の総数が 1000 個のとき，はじめの白石を最大で何周まで黒石で囲むことができますか。

(3) まず，【図 1】のように，はじめの白石をちょうど □□□□□□ 周まで囲むように黒石を置きました。次に，そこで用いた黒石をすべて使って，【図 2】のように，はじめの白石を正方形で囲むように置き直したところ，ちょうど何周かの正方形で囲むことができました。□□□□□□ に入る最も小さい数を求めなさい。

【図 2】

〈渋谷教育学園幕張中学校　2022 年〉

▶ **（1）の解き方** ◀

　感覚的には群数列に似ている問題だね。**n 周のときの一番外側の黒石の数と黒石の総数**をまとめると，次のようになる。

n 周	1	2	3	……	n
一番外側の黒石の数	6	12	18	……	$6 \times n$
黒石の総数	6	18	36	……	$6 + 12 + 18 + \cdots\cdots + 6 \times n$

よって，10 周まで囲むときの黒石の総数は，

$$6 + 12 + 18 + \cdots\cdots + 60 = (6 + 60) \times \frac{10}{2}$$
$$= 330$$

白石も加えて **331** 個。

答え

331 個

(2)の解き方

n 周までに使う黒石の総数を 1000 個以内にしたいから，

$$6 + 12 + 18 + \cdots\cdots + 6 \times n \leqq 1000 \quad \cdots\cdots \quad ①$$

となるような n で，一番大きな n を探していこう！

$$6 + 12 + 18 + \cdots\cdots + 6 \times n = 6 \times (1 + 2 + 3 + \cdots\cdots + n)$$

だから，①の式は，

$$6 \times (1 + 2 + 3 + \cdots\cdots + n) \leqq 1000$$

となるよね。この式から，

$$1 + 2 + 3 + \cdots\cdots + n \leqq \frac{1000}{6} = \frac{500}{3} = 166.66\cdots$$

となるわけだね。$1 + 2 + 3 + \cdots\cdots + n$ は等差数列の和だから，

$$(1 + n) \times \frac{n}{2} \leqq 166.66\cdots$$

となるね。これにあてはまるような n を見つけていこう。

$n = 20$ のとき，$(1 + n) \times \dfrac{n}{2} = (1 + 20) \times \dfrac{20}{2} = 210$ 　ダメ！

$n = 19$ のとき，$(1 + n) \times \dfrac{n}{2} = (1 + 19) \times \dfrac{19}{2} = 190$ 　ダメ！

$n = 18$ のとき，$(1 + n) \times \dfrac{n}{2} = (1 + 18) \times \dfrac{18}{2} = 171$ 　おしい！ ダメ！

$n = 17$ のとき，$(1 + n) \times \dfrac{n}{2} = (1 + 17) \times \dfrac{17}{2} = 153$ 　OK！

ということで，$n = 17$ のときは，黒石が 1000 個以内で済むんだね。

念のために確認してみると，$n = 17$ のときの黒石の総数は，

$$6 + 12 + 18 + \cdots\cdots + 6 \times 17 = (6 + 102) \times \frac{17}{2}$$
$$= 54 \times 17$$
$$= 918$$

918 個になる。ちなみに $n = 18$ のときだと，

$$6 + 12 + 18 + \cdots\cdots + 6 \times 18 = (6 + 108) \times \frac{18}{2}$$
$$= 114 \times 9$$
$$= 1026$$

となって，1000 個を超えてしまうね。

ということで，**17 周まで囲むことができる**。

答え

17 周

(3)の解き方

【図2】の状況から，何がわかるかな？ 黒石と白石を並べて正方形になるということは，**白石を含めた石の総数は平方数になるはず**だよね。平方数というのは，$1 \times 1 = 1$，$2 \times 2 = 4$，$3 \times 3 = 9$ というように，同じ数どうしをかけてできる数のことだ。

ということで，白石を含めた石の総数が平方数になるような n を求めていこう。(1)の表に，「白石を含めた石の総数」の行を加えた表を作ると，次のようになる。

n 周	1	2	3	4	5	6	7
一番外側の黒石の数	6	12	18	24	30	36	42
黒石の総数	6	18	36	60	90	126	168
白石を含めた石の総数	7	19	37	61	91	127	169

これを見ると，7 周のとき，白石を含めた石の総数が $169 = 13 \times 13$ と平方数になるので，☐に入る数は 7 とわかるね。

答え

7

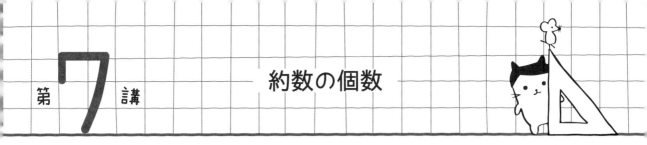

約数の個数

問題 1

　　5 を 3 個かける式を 5^3 と表します。つまり，$5^3 = 5 \times 5 \times 5 = 125$ です。次の問いに答えなさい。

(1) 2^3，3^4，7^2 の値を求めなさい。

(2) 360 を次のように変形するとき，ア，イに入る数を求めなさい。

　　$360 = 2^{\boxed{ア}} \times 3^{\boxed{イ}} \times 5$

(3) 360 の約数の個数を求めなさい。

(4) 360 の約数をすべてかけた値は $360^{\boxed{ウ}}$ となります。ウに入る数を求めなさい。

　　今回は，**約数の個数や総和**について，基本的な公式をまとめていくね！

　　約数について考える際は，**数を素数の積の形で表す素因数分解がスタート地点**なんだ。

(1)の解き方

　　規則はわかったかな？ 実はこの式の形は，中学で習うんだけど，便利なので覚えておいてもいいかもね！

　　　$2^3 = 2 \times 2 \times 2 = \mathbf{8}$

　　　$3^4 = 3 \times 3 \times 3 \times 3 = \mathbf{81}$

　　　$7^2 = 7 \times 7 = \mathbf{49}$

答え

$2^3 = \mathbf{8}$，$3^4 = \mathbf{81}$，$7^2 = \mathbf{49}$

(2)の解き方

　　さぁ，これはまさに素因数分解だね！ 360 を素因数分解すると，

　　　$360 = 2 \times 2 \times 2 \times 3 \times 3 \times 5$

となるね。これを，解答欄に合う形にすると，

$$360 = 2^3 \times 3^2 \times 5$$

となる。

答え

ア…3　イ…2

（3）の解き方

さて，360 の素因数分解ができたので，まずは**約数の個数**について考えてみよう。そもそも，約数とは何か？ ということを，少し深く考えてみよう。

例えば，360 の約数に 60 があるね。この 60 というのは，下の図のように，

　A グループから 2^2 を，

　B グループから 3 を，

　C グループから 5 を

選んで，かけあわせてできているね。イメージとして，
360 という自然数は，A，B，C という材料がそれぞれ
決まった分量ずつ集まってできている料理なんだ。

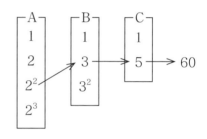

約数は，その材料の一部（もしくは全部）を使ってできる 360 の一部分みたいなイメージなんだね。

ということは，A，B，C の各グループから 1 つずつ数を選んで 3 つの数の組を作れば，**約数が 1 つできる**ということになるね。したがって，360 の約数の総数は

　　$4 \times 3 \times 2 = 24$（個）

ポイントは，各グループに 1 を含んでいることなんだ。例えば 360 の約数に 15 があるけど，15 は素因数の 2 を含んでいないよね。けど，各グループから 1 つずつ数字を選ぶ必要があるから，**かけても影響がない 1 を各グループに入れている**わけなんだ。

念のため，次ページの樹形図で確認してみよう。この樹形図から，式が $4 \times 3 \times 2 = 24$ になることも納得できるはずだね。

さて，ちょっと難しいけど，公式にしてしまおう。自然数 N が $N = a^ア \times b^イ \times c^ウ$ と素因数分解できるとき（つまり，a, b, c は素数だ！），

　　（N の約数の個数）$=$（ア$+1$）$\times$（イ$+1$）$\times$（ウ$+1$）

となる。

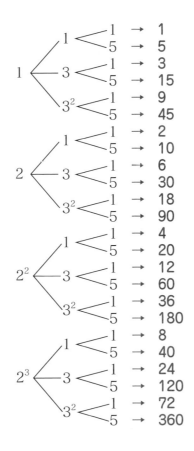

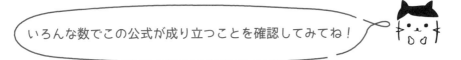

いろんな数でこの公式が成り立つことを確認してみてね！

答え

24個

◀ **(4)の解き方** ▶

「約数をすべて書きなさい」と問われたら，みんなはどうやって考えるかな？ 1つコツ
を教えておくと，「**ペアで考える**」ということがポイントなんだ。

例えば，360の約数に20があるよね？

$$360 \div 20 = 18$$

となり，360は20で割ることができる。

ところで，この式の商である18も，やはり360の約数だよね。

$$360 \div 18 = 20$$

となり，18 は 360 を割り切ることができる。つまり，20 という約数が見つかれば，ペアとして 18 という約数を見つけることができるんだ。ということは，次のようにペアで書き出していくと，約数を効率よく書き出すことができるね。

さて，これを応用して考えてみよう。ここで求めたいのは，**約数すべてをかけた値**だったね。つまり，

$$1 \times 2 \times 3 \times 4 \times \cdots\cdots \times 90 \times 120 \times 180 \times 360$$

の値を求めるわけだ。これは，次のように**ペアをつくってかけてみよう**。

解き方のヒント！

$$1 \times 2 \times 3 \times 4 \times \cdots\cdots \times 90 \times 120 \times 180 \times 360$$

360
360
360
360

かけ算は，どの順番でかけても問題ないわけだから，**両端（りょうたん）から順にペアをつくってかけていくと，すべて 360 になる**。つまり，

$$1 \times 2 \times 3 \times 4 \times \cdots\cdots \times 90 \times 120 \times 180 \times 360$$
$$= 360 \times 360 \times 360 \times 360 \times \cdots$$

となることがわかるね！

ところで，このペアは何組できるかな？ (3)の問題で**約数の個数は 24 個**と求めているから，ペアの数は 24 ÷ 2 = 12（組）だ。つまり，

$$1 \times 2 \times 3 \times 4 \times \cdots\cdots \times 90 \times 120 \times 180 \times 360$$
$$= \underbrace{360 \times 360 \times 360 \times 360 \times \cdots}_{360 \text{ を } 12 \text{ 個かけている}}$$
$$= 360^{12}$$

となるから，ウに入る数は **12** となるね！

どうかな？ 約数の性質をしっかり理解していると，いろいろな問題で応用が利くよ。公式を丸暗記するのではなく，仕組みを理解をしておこうね！

12

　電球が200個あり，それぞれの電球に1，2，3，…，200と番号がついています。すべて消灯しており，点灯したり消灯したりするためのボタンがついています。このボタンは消灯しているときに押すと点灯し，点灯しているときに押すと消灯します。これらの電球に対して

　操作1　　1の倍数の番号が書かれた電球のボタンを押す。

　操作2　　2の倍数の番号が書かれた電球のボタンを押す。

　操作3　　3の倍数の番号が書かれた電球のボタンを押す。

　　　　　　　　　　　　　　⋮

　操作200　　200の倍数の番号が書かれた電球のボタンを押す。

という操作を行います。次の問いに答えなさい。

(1) 1から10の番号がついている電球に対して，この操作を行いました。点灯している電球の個数を求めなさい。

(2) 1から100の番号がついている電球に対して，この操作を行いました。点灯している電球の個数を求めなさい。

(3) 200個すべての電球に対してこの操作を行ったところ，操作1から操作200のうち，あるひとつの操作を忘れてしまったため，点灯している電球は18個となりました。操作を忘れていなければ，その操作番号と同じ番号の電球は点灯しているはずでした。忘れた操作番号を求めなさい。

〈広尾学園中学校　2022年〉

(1)の解き方

　まずは，電球が10個しかないから，手を動かして実験してみよう！　次ページのような表をかくとわかりやすいね。表の○は，その操作でボタンを押した電球を表すよ。

　例えば，4番の電球は○が3個ついているね。ということは，「点灯，消灯，点灯」になっているから，この電球は点灯しているね。このように，**○が奇数個ついているものを調べればいいんだね。**

　○が奇数個ある電球は，1，4，9番の3つだけなので，点灯している電球の個数は3個だね。

操作番号＼電球の番号	1	2	3	4	5	6	7	8	9	10
操作1	○	○	○	○	○	○	○	○	○	○
操作2		○		○		○		○		○
操作3			○			○			○	
操作4				○				○		
操作5					○					○
操作6						○				
操作7							○			
操作8								○		
操作9									○	
操作10										○

答え

3 個

(2)の解き方

さぁ，一気に個数が増えたので難しく感じるね！　当然，これも表をかいたら求められるんだけど，ちょっと現実的ではないよね。こういうときに大切なことは，**(1)からヒントを得て，一般的に成り立つことが何かを見抜くこと**なんだ。

表の○を見て，何か気づくことはあるかな？

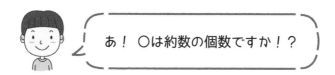

あ！　○は約数の個数ですか！？

そう！　**約数の個数の分だけ，点灯と消灯をしている**んだね！　(1)では，操作10までを行ったわけだけど，10以下の数で約数の個数が奇数の番号の電球が最後に点灯していたんだね。ということは(2)では，**100以下の数で約数の個数が奇数であるものを数えれ**ばいいわけだね。

でも，ここで1つ問題がある。「約数の個数が奇数の数」ってどんな数なんだろう。試しに，11～20までの約数の個数を数えてみてごらん（ちゃんと自分で手を動かそう！）。なんと，この中で約数の個数が奇数なのは16（約数は1，2，4，8，16）しかなかったね。

実は，約数の個数が奇数である数には，ある共通点があるんだ。わかるかな？

　……うん!!　難しいよね！（笑）実は，**約数の個数が奇数なのはすべて平方数**なんだ。ということは，1から100までの平方数が，最後に点灯している電球の番号になるから，答えは，

　　　1，4，9，16，25，36，49，64，81，100

の**10個**だね。

　ところで，なぜ**約数の個数が奇数になるのは平方数なのか**，簡単に説明しておこう。約数の個数の公式は覚えているかな？　念のために復習だ！

　自然数Nが$N = a^{\text{ア}} \times b^{\text{イ}} \times c^{\text{ウ}}$と素因数分解できるとき，$N$の約数の個数は，

　　　（ア＋1）×（イ＋1）×（ウ＋1）……☆

となる。

　約数の個数は☆で表すことができるんだけど，これが奇数になるということは，（ア＋1），（イ＋1），（ウ＋1）はすべて奇数ということになるね。すると，ア，イ，ウはすべて偶数だということになる。

　例えばアを2，イも2，ウを4というように，ア，イ，ウをすべて偶数にすると，Nは，

　　　$N = a^2 \times b^2 \times c^4$

　　　　$= a \times a \times b \times b \times c \times c \times c \times c$

　　　　$= (a \times b \times c \times c) \times (a \times b \times c \times c)$

というように，同じ数どうしをかけてできる数，すなわち平方数になることがわかるね。

　ということで，約数の個数が奇数になるのは平方数なので，覚えておいてもいいかもね！

答え

10個

(3)の解き方

　仕組みがわかったところで，最後の問題にも取り組んでみよう！　もし，200個すべての電球に操作を行うと，200までの平方数

　　　1，4，9，16，25，36，49，64，81，100，121，144，169，196

の**14個の電球（☆）が点灯している**はずだね。**ところが，実際には18個が点灯している。**

　「操作を忘れていなければ，その操作番号と同じ番号の電球は点灯しているはず」とい

うことは，操作を忘れたのは，☆の電球のどれかということだね。

例えば，操作49を忘れたとしよう。すると，49の倍数の番号の電球は結果が変わってしまうね。当然，49番の電球は消灯していることになるけど，49の倍数である98，147番の電球は，消灯しているはずだったのに，点灯していることになるね。49の倍数のうち平方数である196番の電球は，点灯しているはずだったのに，消灯していることになる。

つまり，点灯しているのは

$$
\underset{\substack{\uparrow \\ \text{☆の電球}}}{14} \quad \underset{\substack{\uparrow \\ 49, 196 \\ \text{番の電球}}}{-\,2} \quad \underset{\substack{\uparrow \\ 98, 147 \\ \text{番の電球}}}{+\,2} \quad = 14\,(\text{個})
$$

こうして考えると，

14 −（点灯から消灯に変わる電球の個数）＋（消灯から点灯に変わる電球の個数）

= 18（個）

となるような操作を探せばいいわけだね。

操作1や操作4では，明らかに「消灯から点灯に変わる電球」が多いので，少し大きめの操作番号でいこう。だけど，操作121のように，大きすぎると「消灯から点灯に変わる電球」がないので，ある程度の目星をつけてみよう。

操作25はどうなるかな？ ☆の14個のうち25，100の2つが点灯から消灯に変わり，50，75，125，150，175，200の6つが消灯から点灯に変わるね。つまり，操作25を忘れると，

14 − 2 + 6 = 18（個）

の電球が点灯していることになるので，答えは操作番号25だね。

ちょっと難しい問題だけど，まずは具体的な数で実験をしながら調べていくと，規則に気づけたんじゃないかな？

答え

25

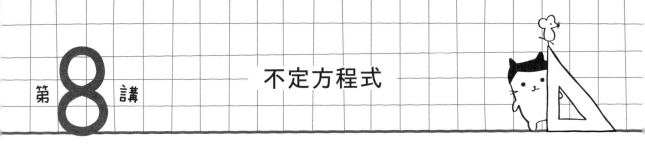

不定方程式

> 問 題

　次のような, 長さが異なる 3 種類のテープがたくさんあります。これらのテープを横につないで, 長いテープをつくります。このとき, テープとテープをつなげるのりしろは 2 cm とします。

10 cm　　　20 cm　　　　30 cm

　例えば, 10 cm テープと 30 cm テープをつなぐと, 38 cm の長いテープができます。

2 cm

38 cm

(1) 10 cm テープだけをつなぐことによってできる長いテープの長さはどれですか。以下の中から, すべて選び答えなさい。

　　50 cm, 60 cm, 70 cm, 80 cm, 90 cm, 100 cm, 110 cm

(2) 3 種類のテープを何枚か使って, 130 cm の長いテープをつくります。使わない種類のテープがあってもよいとき, 次の ┌ ア ┐ と ┌ イ ┐ に当てはまる数を答えなさい。

　　130 cm の長いテープをつくるのに使うテープの枚数は, 最も多くて ┌ ア ┐ 枚, 最も少なくて ┌ イ ┐ 枚となります。

(3) 3 種類のテープをそれぞれ必ず 1 枚以上使って, 130 cm の長いテープをつくります。このとき, 3 種類のテープをそれぞれ何枚ずつ使うことになりますか。考えられるすべての場合を答えなさい。例えば, 10 cm を 5 枚, 20 cm を 3 枚, 30 cm を 2 枚使う場合は, (5, 3, 2) のように短いテープの枚数から順に答えなさい。ただし, 次の解答欄の (, ,) をすべて使うとは限りません。

(10 cm, 20 cm, 30 cm)	(10 cm, 20 cm, 30 cm)	(10 cm, 20 cm, 30 cm)
(, ,)	(, ,)	(, ,)

〈浦和明の星女子中学校　2021 年(改題)〉

▶ (1)の解き方 ◀

まずはしっかりと規則をつかんでいこう！ 例えば，10 cm のテープを 5 枚使うと，50 cm にはならないよね？ というのも，次の図のようにのりしろが 4 か所あるので，

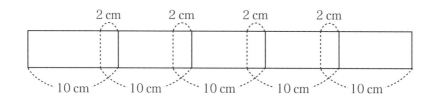

$$10 \times 5 - 2 \times 4 = 50 - 8$$
$$= 42\,(\text{cm})$$

となってしまうんだね。

ここで，(1)の選択肢をすべて見てほしいんだけど，**すべて 10 の倍数になっている**ね。ということは，**のりしろの数は必ず 5 の倍数だけ必要になる**ね。

のりしろの数が決まるとテープの数も決まるね。次の表のようにまとめてみよう。

のりしろ	テープの枚数	テープの長さの合計	のりしろの長さの合計	つなげたテープの長さ
5か所	6枚	6×10＝60(cm)	2×5＝10(cm)	60−10＝50(cm)
10か所	11枚	11×10＝110(cm)	2×10＝20(cm)	110−20＝90(cm)
15か所	16枚	16×10＝160(cm)	2×15＝30(cm)	160−30＝130(cm)
⋮	⋮	⋮	⋮	⋮

したがって，選択肢にあるものだと，**50 cm，90 cm**。

答え

50 cm，90 cm

▶ (2)の解き方 ◀

最も多くのテープを使うとき，一番短い 10 cm を何枚使うかを考えてみよう。そして，これは(1)と同じように考えると求められるね！ 上の表にもあるとおり，**16 枚使えば**，つなげたテープの長さは 130 cm になるね！

では，枚数が少ない場合を考えてみよう。130 cm をつくるためには，のりしろの数はやはり 5 の倍数でないといけない。ということは，最低でも 6 枚のテープを使うことに

なるから，まずは，**30 cm のテープを 6 枚使う**ことを考えてみよう。すると，

$$30 \times 6 - 2 \times 5 = \mathbf{170}\,(\text{cm})$$

となってしまい，つないだテープの長さは 130 cm をだいぶオーバーしてしまったね。

ここから **40 cm 短くすればいい**から，6 枚ある 30 cm テープのうち，

・**4 枚を 20 cm テープに変える**

・**2 枚を 10 cm テープに変える**

・**2 枚を 20 cm テープに変え，1 枚を 10 cm テープに変える**

ことで，つないで 130 cm のテープをつくることができるね。

いずれにせよ，最小のテープの枚数は **6 枚**とわかったね。

答え

ア…16　イ…6

◀(3)の解き方▶

これまでのことからわかる通り，130 cm をつくる場合，のりしろの数が 5 の倍数になっていることがポイントだったね。そして，(2)より，テープの最大枚数と最小枚数がわかったので，その範囲で考えていこう。のりしろの数で場合分けをしながら考えていこう！ 10 cm テープを A 枚，20 cm テープを B 枚，30 cm テープを C 枚使うとして，式を立てていこう。

（i）のりしろの数が 5 のとき

テープの枚数が 6 枚だから，

$$A + B + C = 6 \quad \cdots\cdots \quad ①$$

また，つなげたテープの長さが 130 cm になるから，

$$10 \times A + 20 \times B + 30 \times C - 2 \times 5 = 130$$

よって，

$$10 \times A + 20 \times B + 30 \times C = 140$$

したがって，

$$A + 2 \times B + 3 \times C = 14 \quad \cdots\cdots \quad ②$$

A，B，C がいずれも 1 以上なので，①から，A，B，C がいずれも 4 以下であることがわかる。そのうえで，**①，②を満たす自然数の組（A，B，C）は，（1，2，3）のみ**である。

（ⅱ）のりしろの数が 10 のとき

　　テープの枚数が 11 枚だから，

　　　　A ＋ B ＋ C ＝ 11　……　③

　　また，つなげたテープの長さが 130 cm になるから，

　　　　10 × A ＋ 20 × B ＋ 30 × C － 2 × 10 ＝ 130

　　よって，

　　　　10 × A ＋ 20 × B ＋ 30 × C ＝ 150

　　したがって，

　　　　A ＋ 2 × B ＋ 3 × C ＝ 15　……　④

　　A，B，C がいずれも 1 以上なので，③から，A，B，C がいずれも 9 以下であるこ
とがわかる。そのうえで，③，④を満たす自然数の組（A，B，C）は，（8，2，1）
のみである。

（ⅲ）のりしろの数が 15 のとき

　　テープの枚数が 16 枚だから，

　　　　A ＋ B ＋ C ＝ 16　……　⑤

　　また，つなげたテープの長さが 130 cm になるから，

　　　　10 × A ＋ 20 × B ＋ 30 × C － 2 × 15 ＝ 130

　　よって，

　　　　10 × A ＋ 20 × B ＋ 30 × C ＝ 160

　　したがって，

　　　　A ＋ 2 × B ＋ 3 × C ＝ 16　……　⑥

　　A，B，C がいずれも 1 以上なので，⑤から，A，B，C がいずれも 14 以下である
ことがわかる。そのうえで，⑤，⑥を満たす自然数の組（A，B，C）は，存在しない。

　　長かったね！（ⅰ）（ⅱ）（ⅲ）より，求める答えは，（1，2，3），（8，2，1）だね！

　（ⅱ）と（ⅲ）で A，B，C を求めるときに，もう一工夫できると，（A，B，C）の組をし
ぼりやすくなるよ。

　　③，④を見てみよう。④を上に書いて，上の式から下の式を引いてみよう。

　　　　A ＋ 2 × B ＋ 3 × C ＝ 15　……　④

　　　　A ＋ B ＋ C ＝ 11　……　③

　　　　B ＋ 2 × C ＝ 4

　こうして，新しい関係式が出てきたね。この B ＋ 2 × C ＝ 4 という関係式がわかって

いれば，（A，B，C）の組をすばやく見つけることができたんだ。

　同様に，⑤，⑥から，B＋2×C＝0というのがわかる。これで，BもCも0だとわかるから，（ⅲ）は該当する（A，B，C）の組がなかったんだね！

答え

（1，2，3），（8，2，1）

> 規則を見つけてあとは効率よく数えていく，この問題のようなタイプはよく出題されるので，粘り強く考えていこう！

約束記号問題

　整数 A を B 個かけあわせた値を A ● B，また，ある整数を D 個かけあわせて C となる値を C ▲ D と表すことにします。例えば，

　　　$2 ● 4 = 2 × 2 × 2 × 2 = 16$

　　　$16 ▲ 4 = 2$

　　　$(3 ● 2) ▲ 2 = (3 × 3) ▲ 2 = 9 ▲ 2 = 3$

となります。

　このとき，□□□□ にあてはまる最も適当な整数を求めなさい。

(1) □□□□ ● 4 = 2401

(2) 3 ● 6 = □□□□ ● 3

(3) 2 ● □□□□ = (8 ● 18) ▲ 6

〈東邦大学付属東邦中学校　2022 年〉

　こういった，問題独自の記号を使って計算のルールを決める問題を，**約束記号問題**といったりするよ。まずはしっかりとルールを確認できているかチェックしていこう！

(1)の解き方

　この □□□□ にあてはまる数を A としよう。つまり，

　　　$A ● 4 = 2401$

ということだ。

　問題文に書いてあるルールだと「A を 4 個かけあわせると 2401 になる」んだね。つまり，

　　　$A × A × A × A = 2401$

ということだ。$(A × A) × (A × A) = 2401$ と考えれば，2401 は平方数 $(A × A)$ の平方数になるね！

　つまり，$1 × 1, 4 × 4, 9 × 9, 16 × 16, ……$ のような数で目星をつけていけばよい。2401 の一の位が 1 であることや，$50 × 50 = 2500$ に近い数であることなどから，$49 × 49 = 2401$ が見つけられるんじゃないかな？　つまり，

$$7 \times 7 \times 7 \times 7 = 2401$$

となるので，A は **7** となるね。

> **答え**

7

> **(2)の解き方**

　この ☐ にあてはまる数を B としよう。つまり，

　　3 ● 6 ＝ B ● 3

としよう。左辺（＝の左側）は，「**3 を 6 個かけあわせた値**」という意味だから，

　　3 × 3 × 3 × 3 × 3 × 3

となるね。一方右辺（＝の右側）は，B を 3 個かけあわせるということだから，

　　B × B × B

となる。つまり，

　　3 × 3 × 3 × 3 × 3 × 3 ＝ B × B × B

となるね。

　この式を次のように見てみよう。

　　　(3 × 3) × (3 × 3) × (3 × 3) ＝ B × B × B

　こうして見れば，B は 3 × 3 つまり，**9** だとわかるね。

> **答え**

9

> **(3)の解き方**

　これも，まずは整理していこう。 ☐ にあてはまる数を C とすると，

　　2 ● C ＝ (8 ● 18) ▲ 6 ……　①

となる。つまり，左辺は 2 を C 個かけあわせるということだね。

　右辺を見てみよう。1 つずつ整理するけど，まず 8 ● 18 は，「**8 を 18 個かけあわせた値**」だね。つまり，

　　$\underbrace{8 \times 8 \times 8 \times \cdots\cdots \times 8}_{18 \text{個}}$

場合の数と規則性

第 **9** 講

約束記号問題

ということだね。

さて，ちょっとわかりにくいから，いったんこの数をDとしておこう。

$$(8 ● 18) = \underbrace{8 × 8 × 8 × \cdots × 8}_{18個} = D$$

もとの式の右辺は，

D ▲ 6

ということだね。これはどういう意味だったかというと，「**6個かけあわせてDとなる値**」ということだったよね。この数をEとしておくと，

E × E × E × E × E × E ＝ D

ということだね。Dをかきかえると，

$$E × E × E × E × E × E = \underbrace{8 × 8 × 8 × \cdots × 8}_{18個}$$

ということだ。

(8 × 8 × 8)を1つのまとまりとすれば，

$$E × E × E × E × E × E = \underbrace{(8 × 8 × 8) × (8 × 8 × 8) × \cdots × (8 × 8 × 8)}_{(8 × 8 × 8)が6個}$$

よって，

D ▲ 6 ＝ E ＝ 8 × 8 × 8

となることがわかるね！

長かったけど，結局もとの式①は，

2 ● C ＝ 8 × 8 × 8 ……　②

という式になったんだ。

もう一度確認すると，②の左辺は「**2をC個かけあわせた値**」だったよね？
8 ＝ 2 × 2 × 2なので，②は，

2 ● C ＝ (2 × 2 × 2) × (2 × 2 × 2) × (2 × 2 × 2)

となるね！ 右辺は，2を9個かけあわせているから，Cは9とわかるんだね。

答え

9

約束記号問題は，まずはルールをしっかりつかむことが大切なんだけど，結構頭が混乱してくると思うので，具体的にいろいろと書き出して，手を動かすように心がけよう！

n 進 法

> **問 題**
>
> 0，1，2，3，4，5 だけを使って表すことのできる数を，次のように小さい順に並べました。
>
> 0，1，2，3，4，5，10，11，12，13，14，15，20，21，22，…
>
> (1) 20 番目の数を求めなさい。
>
> (2) 1 番目から 20 番目までの数の和を求めなさい。
>
> (3) 243 は何番目の数ですか。
>
> 〈佼成学園中学校　2021 年〉

　今回は *n* 進法の問題を解いてみよう！　この問題は 0，1，2，3，4，5 の 6 種類の数字を使って数を表しているので六進法の問題だね。

　例えば六進法で 132 という数を表すときは，$132_{(6)}$ と表すことにしよう。この $132_{(6)}$ は十進法だといくつになるのかというと，36 の位が 1，6 の位が 3，1 の位が 2 なので，

　　$36 \times 1 + 6 \times 3 + 1 \times 2 = 56$

ということで 56 になるんだ。準備はいいかな？

36 の位	6 の位	1 の位
1	3	2

　　　　$36 \times 1 + 6 \times 3 + 1 \times 2 = 56$

　さて，この問題だけど，数列の数を六進法と見た場合，「（十進法に直した値）＋ 1」が「番目」を表す数になっている。例えば，六進法で表された $15_{(6)}$ を十進法に直すと 11 になる。つまり，15 は 11 ＋ 1 ＝ 12（番目）の数ということがわかるね！

　　1 番目は 0，　2 番目は 1，　3 番目は 2，　4 番目は 3，　5 番目は 4 ……

となっている。**1 番目に 0 を考える必要があるので**，注意しておこう！

20番目の数ということは，六進法で19番目の数を答えればいいね！

$$19 = 6 \times 3 + 1 \times 1$$

から，六進法で19番目の数は $31_{(6)}$ となるので，答えは **31** だ。

答え

31

1番目から20番目までの数を書き並べてみると次のようになる。これを，十進法の数として，和を求めるんだね。まず，A，B，C，Dの4つのグループに分けてみよう。

A	B	C	D
0, 1, 2, 3, 4, 5,	10, 11, 12, 13, 14, 15,	20, 21, 22, 23, 24, 25,	30, 31

Aグループの和は簡単に求めることができるね。

$$0 + 1 + 2 + 3 + 4 + 5 = 15 \quad \cdots\cdots \quad ①$$

では，次のBグループを見ていこう。これも順に足していっても大して難しくないけど，次のように十の位と一の位で分けて考えてみると，効率よく計算できるよ。

$$10 + 11 + 12 + 13 + 14 + 15 = (10 + 0) + (10 + 1) + (10 + 2) + (10 + 3) + (10 + 4) + (10 + 5)$$
$$= 10 \times 6 + (0 + 1 + 2 + 3 + 4 + 5)$$
$$= 60 + 15$$
$$= 75 \quad \cdots\cdots \quad ②$$

Cグループも同じように考えれば，

$$20 \times 6 + 15 = 135 \quad \cdots\cdots \quad ③$$

Dグループはそのまま計算して，

$$30 + 31 = 61 \quad \cdots\cdots \quad ④$$

①+②+③+④を計算して，

$$15 + 75 + 135 + 61 = 286$$

どう？ 簡単だったでしょ？ 最後の問題を見ていこう！

答え

286

まずは，六進法で表された $243_{(6)}$ を十進法に直していこう。

$$243_{(6)} = 36 \times 2 + 6 \times 4 + 1 \times 3 = 99$$

ということで，答えは $99 + 1 = $ **100（番目）** になるんだ。

答 え

100 番目

第4章
平面図形

◀ 問題 1 ▶

　図のように，2つの平行線と正五角形があります。図の∠xの大きさを求めなさい。

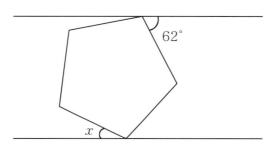

◀ **内角の和に注目して解く** ▶

　まず，平行線がある場合は，次のように同位角や錯角が等しくなるのは大丈夫かな？

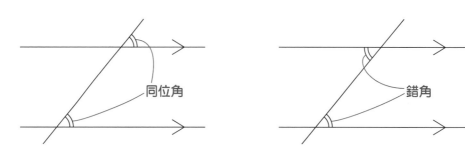

　では，**平行線を増やして同位角や錯角で角度を次々に求めていこう。**

　また，**正五角形の内角の1つが何度になるかも重要だね。多角形の内角の和は次のようになるよ。**

	三角形	四角形	五角形	六角形	n角形
内角の和	180°	360°	540°	720°	180°×($n-2$)

　n角形の内角の和は重要だから覚えておいてほしいんだけど，忘れたら，三角形や四角形を思い出してみよう。これらの内角がそれぞれ**180°，360°**ということから，n角形の内角の和は**180°×($n-2$)**となることはすぐに推測できるね。

$$(n\text{角形の内角の和}) = 180° \times (n - 2)$$

だから，正 n 角形の 1 つの内角の大きさは，$\dfrac{180° \times (n-2)}{n}$ となるわけだ。

ところで，**正 n 角形の 1 つの内角の大きさ**は，別のアプローチでも求められるんだ。こちらも重要だから確認しておこう。

多角形の外角の和は必ず 360° になることは大丈夫だよね？　ということは，**正 n 角形の 1 つの外角の大きさ**は，$\dfrac{360°}{n}$ になる。

図のように考えれば，正 n 角形の 1 つの内角の大きさは，

$$180° - \dfrac{360°}{n}$$

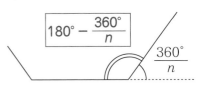

という式で求められるんだ。

一見式の形は違うけど，必ず同じ値が出るよ！

話をもとに戻そう。**正五角形の内角の 1 つ**は，

$$\dfrac{180° \times (5-2)}{5} \quad \text{または} \quad 180° - \dfrac{360°}{5}$$

より，**108°** とわかる。

ということで，次の図のように考えることができる。

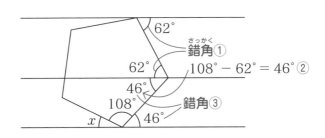

$$x = 180° - (108° + 46°)$$

これより，$\angle x = $ **26°** と求められたね。

答え

26°

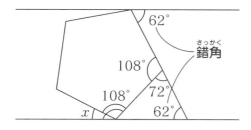

問題 1 の別解

この問題は次のような考え方もできるよ。

三角形の外角の定理より

$$x + 108° = 72° + 62°$$
$$x = 134° - 108°$$
$$ = 26°$$

図形の問題には，さまざまなアプローチの仕方があり，解き方が何通りかあることがわかったね！

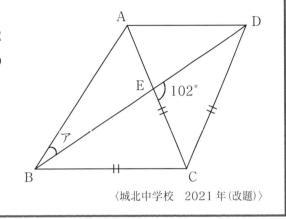

問題2

　右の図の四角形 ABCD は AD と BC が平行な台形です。CA = CB = CD のとき，角アの大きさは何度ですか。

〈城北中学校　2021 年(改題)〉

二等辺三角形に注目して解く

　角度の問題は多くの出題方式があるので，「これをやったら大丈夫！」とはいえないんだ。だけど，**基本となる考え方を押さえていけば，解答の方針が見つけられる**ので，それを確認していこう！

　まず，今回の問題は**「平行」**や**「長さが等しい」**という条件が入っているよね。平行があれば同位角や錯角が使える可能性があるし，長さが等しい線分があれば二等辺三角形も見つけられる。これらのことを念頭において，問題を解いていこう！

> 平行線があれば，同位角や錯角の利用を考える。長さが等しいという条件があれば，二等辺三角形を考える。

　問題の図において，角度がわかっているのは
$$\angle \text{DEC} = 102°$$
という条件だけだね。

　それでは，平行線の情報をもとにして，印をつけてみよう。

　〈図1〉の●印が，錯角で同じ角度になる。

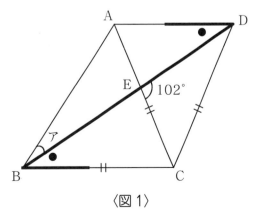

〈図1〉

117

また，CB＝CDなので，△CBDが二等辺
三角形になっているから，〈図2〉のように
$$\angle CDB = \angle CBD = \bullet$$
となることがわかるね。

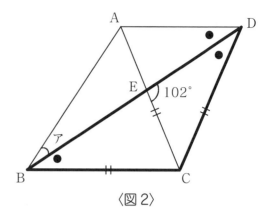

〈図2〉

さらに，CA＝CDなので，△CADも二等
辺三角形になるから，〈図3〉のように，
$$\angle CAD = \angle CDA = \bullet\bullet$$
となることがわかる。

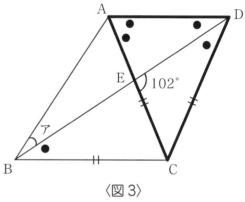

〈図3〉

ここで，△AEDに注目してみよう。これ
を利用すれば，**外角の定理**で
$$\angle DAE + \angle ADE = \angle DEC$$
が成り立つことがわかるので，
$$\bullet\bullet + \bullet = 102°$$
つまり，
$$\bullet\bullet\bullet = 102°$$
であることがわかる。ということは，
$$\bullet = 102° \div 3 = \textbf{34°}$$
が求められるね（〈図4〉）。

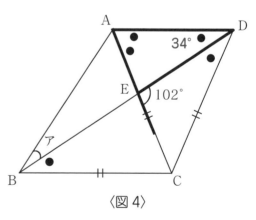

〈図4〉

ここまでわかってしまえば，もう一息だ！
アを求めるために，**∠CBA**を考えてみよう。
△CABが二等辺三角形なので，
$$\angle CBA = \angle CAB$$
になっているね。ということは，**∠ACBが
わかれば，∠CBAを求めることができる。**

> 解き方のヒント！

きっかく
錯角を利用すれば，
$$\angle ACB = \angle CAD = \bullet\bullet$$
であることがわかるね（〈図5〉）。
$$\bullet\bullet = 34° \times 2 = 68°$$
だから，
$$\angle ACB = \textbf{68°}$$
だね！

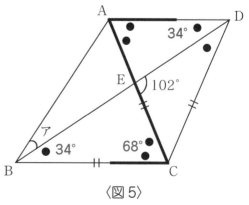

〈図5〉

最後にアを求めてみよう。

$$\angle \text{CBA} = (180° - 68°) \div 2$$
$$= 56°$$

よって,

$$ア = 56° - 34° = 22°$$

錯角や二等辺三角形を見つけて考えていくよ！

答え

22°

図のように，四角形 ABCD があり，∠ABD ＝ 20°，∠ADB ＝ 90°，
∠BDC ＝ 40°，AB ＝ 10 cm，CD ＝ 5 cm です。図の∠x の大きさを求めなさい。

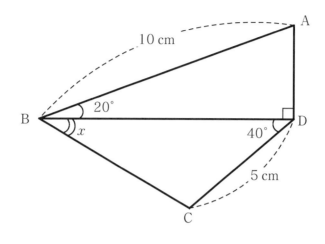

補助線を利用して解く

　図の∠x はどうやったら求められるかな。考え方としては，△BCD の内角の和が 180°
になるから，∠BCD を求めたいよね。ところが，簡単には求められない。

　この問題は，角度の問題なのに長さの情報がある，ということは，この**長さをどう使っ
ていくのか**がカギになりそうだ。

　例えば，二等辺三角形を想像してみよう。

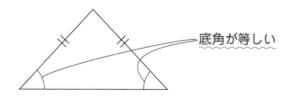

底角が等しい

　このように，二等辺三角形が見つかると，上の図の印をつけた角（底角という）が同じ
になる。長さの情報が与えられているから，積極的にこの二等辺三角形が見つけられな
いか意識してみよう。

　すると，**AB の長さ 10 cm の半分は 5 cm となり，CD の長さと一致する**ね。AB の中
点を E としてみよう。この直角三角形の一番長い辺（斜辺という）の中点をとったとき，
次の関係は非常に重要なので覚えておこう。

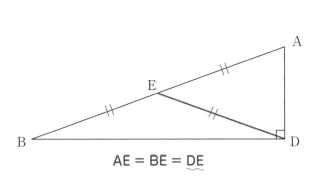

長方形を考えると
わかるね！

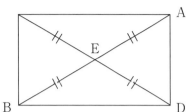

AE ＝ BE ＝ DE

このことを知っていると，DE の長さが 5 cm ということがわかる。

AE ＝ BE ＝ DE ＝ 5 cm であり，DE ＝ DC ＝ 5 cm だから，△DCE が二等辺三角形ということがわかるんだ。

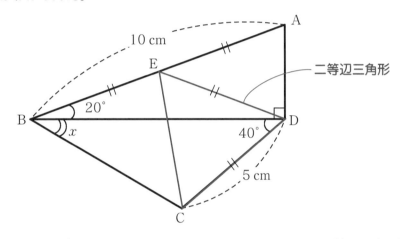

二等辺三角形

さらに，△EBD に注目してみよう。EB ＝ ED だから，これも二等辺三角形だ。ということは，∠EDB ＝ ∠EBD ＝ 20° とわかるから，∠EDC ＝ 60° となるね。

△DCE は，二等辺三角形であり，しかも∠EDC ＝ 60° なんだ。ということは，すべての角が 60° になるから，△DCE は正三角形であることがわかるんだね。つまり，EC ＝ 5 cm であることもわかるね。

なんと！ EC ＝ 5 cm となるから，これにより，△EBC も二等辺三角形であることがわかる！

△EBD の内角の和は 180°だから，

$$\angle BED = 180° - (20° + 20°)$$
$$= 140°$$

∠DEC ＝ 60°より，

∠BEC ＝ 80°

になる。

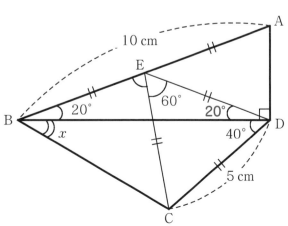

したがって，
$$\angle\,\mathrm{EBC} = (180° - 80°) \div 2 = 50°$$
よって，
$$\angle\,x = 50° - 20° = \mathbf{30°}$$
と求められるわけだね！

二等辺三角形がたくさん見つかりました！

　ED や EC という**補助線**を引いたことで，一気に∠x の大きさを求めることができたね。補助線というのは，ひらめきで引くものと思われがちなんだけど，今回は「**二等辺三角形を作りたい**」，「**直角三角形の中には二等辺三角形がある**」ということを知識として知っていたら，補助線を引くことができたはずなんだ。

図形の問題はこういった知識が大切になってくるので，一つひとつの問題を通して「定番の考え方」をどんどん身につけていこう！

答え

30°

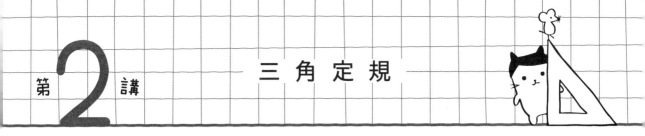

第2講　三角定規

問　題

　右の図のように，一辺の長さが 6 cm
の正方形 ABCD の各辺に中点をとり，
正方形 ABCD を 4 つの小さな正方形に
分割した。ここに，点 A を中心とする
半径 6 cm の円の一部をかき，小さな
正方形との交点を P, Q とした。図の
色のついた部分の面積を求めなさい。

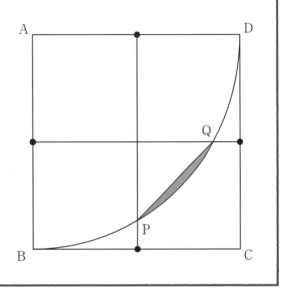

曲線が含（ふく）まれる図形の問題

　こういう問題で間違（まちが）えやすいのが，右の図の

は「おうぎ形」だと考えてしまうこ

となんだ。だけど，

はおうぎ形では

ないよ。

　今回のように「曲線が含まれる図形」を考え
るときは，円の中心がどこにあるのかに着目し
よう！

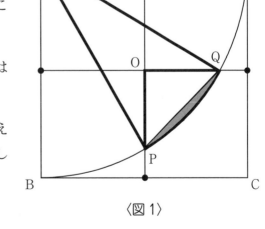

〈図 1〉

曲線は，円の中心を考える！

この円（の一部）は，**点Aが中心**となっているので，まずはAとP，AとQを結んであげよう！

すると，〈図2〉のようなおうぎ形を作ることができる。さて，〈図2〉のおうぎ形だけど，APの長さ，すなわち**半径の長さはABの長さと等しく6cm**だね。

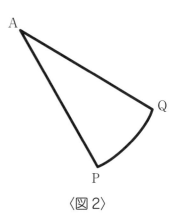

〈図2〉

では，中心角は何度になるかな？　これを考えるために，補助線PDを引いてみよう！

△APDは明らかに（＊）二等辺三角形なので，

$$AP = PD$$

となるよね。APは円の半径だから，

$$AD = AP = PD = 6\,(cm)$$

とわかる。つまり，**△APDは正三角形**であることがわかったね！

これより，∠PAD＝60°とわかるので，∠BAP＝30°と求めることができたね。

同じ理由によって，∠DAQ＝30°となるから，〈図2〉の**おうぎ形の中心角は90°－30°×2＝30°**と求めることができたね。

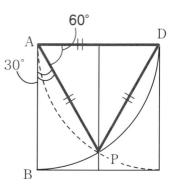

（注＊）　点Dを中心とするおうぎ形を考えることで，AD＝AP，DA＝DPとなるので，AP＝DPとしてもいいよ。この考え方はよく使うよ。

それでは面積を求めてみよう。下のように，**図形を用いた式**（以後，図形式と呼びます）で考えていくよ。

　　図形ア　…　半径が6cmで中心角が30°のおうぎ形

　　図形イ　…　AP＝AQ＝6cm，∠PAQ＝30°の二等辺三角形

とすると，求める図形の面積は**（図形アの面積）－（図形イの面積）**となるね。

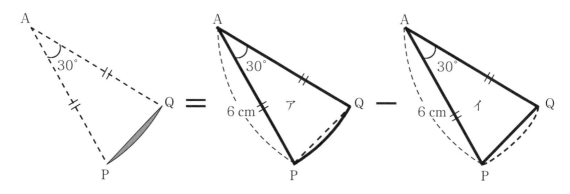

図形アの面積は，

$$6 \times 6 \times 3.14 \times \frac{30}{360} = \textbf{9.42}\,(\text{cm}^2)$$

と求めることができる。では，△APQ の面積はどのようにして求めればいいかな？

ここで，すごく有名な，次の性質を確認しておこう！

三角定規の性質

30°，60°，90° の直角三角形（三角定規）は，一番短い辺の長さと，一番長い辺の長さの比が 1：2 になる。

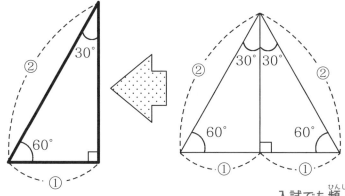

（証明）
三角定規を 2 枚くっつけると正三角形になる。一番短い辺の長さを①とすると，正三角形の 1 辺の長さが②となる。

入試でも 頻 出 (ひんしゅつ) の性質だよ！

これを使って，△APQ の面積を求めていこう！ 右の図のように，点Pから辺 AQ に下ろした垂線の足をHとする。このとき，**△APH は三角定規になっている**ので，**PH = 3（cm）**になるよね。

今度は，△APQ の辺 AQ を底辺と見れば，**PH は三角形の高さになる**。すなわち，△APQ の面積は，

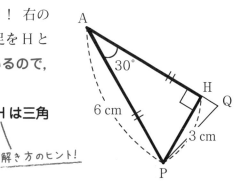

解き方のヒント！

$$6 \times 3 \div 2 = \textbf{9}\,(\text{cm}^2)$$

となるね。これが**図形イの面積**だ！

よって，求める面積は，

（図形アの面積）−（図形イの面積）= 9.42 − 9 = **0.42（cm²）**

答 え

0.42 cm²

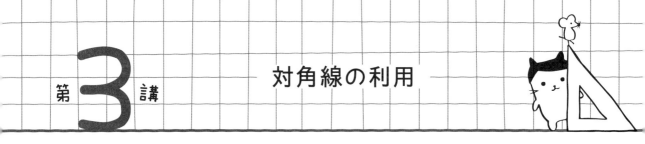

◢ 問 題 ◣

　右の図は正方形と円からできている図です。図の㋐の
部分の面積が 57 cm² のとき，㋑の部分の面積は何 cm²
ですか。ただし，円周率は 3.14 とします。

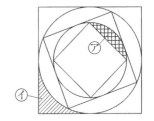

〈渋谷教育学園渋谷中学校　2021 年〉

◢ 対角線を利用した解き方 ◣

　まずは，小さい正方形，中くらいの正方形，大きい正方形をそれぞれ S_1，S_2，S_3，小
さい円，大きい円をそれぞれ C_1，C_2 と名前をつけておこう。また，図形を見やすくする
ために S_1，S_2 を回転してみると，下の図のような形に整理できる。

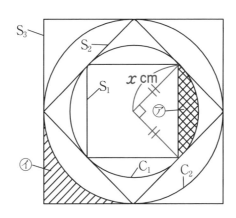

　さて，㋑の面積を求めるためには，**円 C_2 の半径の長さがわかればいい**わけだね。その
ためのヒントが，**㋐の面積の 57 cm²** なんだ。

　ここで，正方形 S_1 について，対角線の長さの半分を x cm とおいてみよう。

　x を使って㋐の面積について式を立てると，

$$x \times x \times 3.14 \times \frac{90}{360} - x \times x \times \frac{1}{2} = 57$$

となるよね。この式を次のように整理していこう。

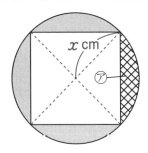

$$x \times x \times 3.14 - x \times x \times \frac{1}{2} \times 4 = 57 \times 4$$

$$x \times x \times (3.14 - 2) = 228$$

$$1.14 \times x \times x = 228$$

$$x \times x = 228 \div 1.14$$

$$x \times x = 200$$

と求めることができたね。

　残念ながら，$x \times x = 200$ となるような x を求めることは（小学校の学習範囲では）できないんだけど，この情報がわかるだけで十分なんだ！　というのも，この x cm という長さは，S_1 の対角線の長さの半分なんだけど，これは円 C_1 の半径でもあるよね。さらに，**S_1 の対角線の長さ（$2 \times x$ cm）は，正方形 S_2 の 1 辺の長さにもなっている**よね。

　S_2 の面積は，

$$(2 \times x) \times (2 \times x) = 4 \times x \times x = \mathbf{800}\,(\text{cm}^2)$$

となるね。

　ここで，C_2 の半径の大きさを y cm とおいてみよう。

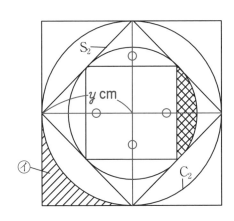

　正方形 S_2 の対角線の長さは，$2 \times y$ cm になっている。

　正方形の面積は，（対角線）×（対角線）×$\dfrac{1}{2}$ で求めることができるから，y を使ってこの面積を表すと，

$$(2 \times y) \times (2 \times y) \times \frac{1}{2} = 800$$

となることがわかる。この式を整理してみると，

$$2 \times y \times y = 800$$

つまり,

$$y \times y = 400$$

となるので, $y = 20$ と求めることができたね！

ここまでくれば, あとは①の面積を求めるだけだね！ ①の面積は, 1辺の長さが y cm, つまり20 cmの正方形から, 半径が20 cmで中心角が90°のおうぎ形の面積を引いたものだから,

解き方のヒント!

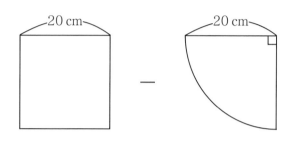

$$20 \times 20 - 20 \times 20 \times 3.14 \times \frac{90}{360} = 400 - 100 \times 3.14$$
$$= 400 - 314$$
$$= 86 \, (\text{cm}^2)$$

と求めることができたね！

こうした問題において重要なことは, (長さ)×(長さ)といったカタマリで考えていくことなんだ。特に, 正方形が絡んだときにはよく使う考え方なので, しっかり理解しておこう！

答 え

86 cm^2

別 解

円周率が3.14のときに使える, ちょっとしたテクニックがあるので紹介しておくね。

まず, 右の図のように, 1辺の長さが10 cmの正方形ABCDがあり, A, Cを中心とするおうぎ形をかいたときにできるレンズ型の面積を求めてみよう。

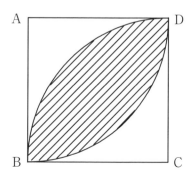

この面積の求め方はいくつか考え方があるんだけど，例えば，

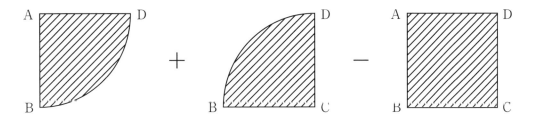

と求めることができる。この考え方でレンズ型の面積を求めると，

$$10 \times 10 \times 3.14 \times \frac{90}{360} \times 2 - 10 \times 10 = 50 \times 3.14 - 100$$
$$= 157 - 100$$
$$= 57 \, (\text{cm}^2)$$

と求められる。

この正方形の面積は $10 \times 10 = 100 \, (\text{cm}^2)$ だから，正方形の面積に対するレンズ型の面積の割合は，

$$\frac{57}{100} = 0.57$$

となる。つまり，この割合を知っておけば，**（正方形の面積）× 0.57 でレンズ型の面積を求めることができる**わけだ。

さて，この考え方を応用してみよう。あらためて問題の図を見てみよう。㋐の図形は，図の太線の正方形◇の中にできるレンズ型の半分になっているね。ということは，

$$\diamondsuit \times 0.57 \times \frac{1}{2} = 57$$

となるので，この正方形の面積は $200 \, \text{cm}^2$ と求められるね。正方形 S_2 は，この正方形を4つ集めたものだから，

$$200 \times 4 = 800 \, (\text{cm}^2)$$

と求められるんだ。ここから先は，同じようにして解くことができるね！

0.57 倍のテクニックは，知っておくと計算が簡単にできる場合があるので知っておいて損はないかもね！ ただ，このテクニックは，問題文に「円周率は3.14」と明記されているときしか使えないから注意してね。

差の面積

問　題

　右の図のように，1辺が 12 cm の正方形 ABCD の中に，点 B，点 C のそれぞれを中心とする半径 12 cm の円の一部をかきます。さらに，対角線 AC をひきます。

(1) 斜線部アの周の長さを求めなさい。

(2) 斜線部アとイの面積の差を求めなさい。

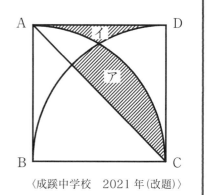

〈成蹊中学校　2021 年(改題)〉

（1）の解き方

　まず，アの周の長さはどうやって考えていこうか？

　アの図形は，見慣れない形だからすぐには周の長さが求められないかもしれない。**こういう複雑な図形を見るときは，1 つずつパーツで見ていこう。**アの外周は①，②，③の 3 つのパーツでできているよね？

　①は点 C を中心とするおうぎ形の半径になっているから，すぐに長さは **12 cm** ってわかる。

　次に，②と③を見てみよう。これらは曲線になっていて，円の一部だよね？　どうやって考えるんだっけ？

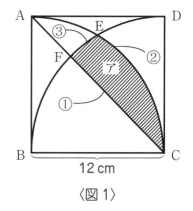

〈図 1〉

円の中心を見つけます！

そのとおり！　しっかり前にやった問題を復習しているね！

おうぎ形は円の中心に注目する！

②の円の中心は点 B だ。ということは，②は B を中心とするおうぎ形の弧になっているよね。あとは中心角の，∠EBC がわかればいいんだけど，ここで △EBC は正三角形であることに気づけたかな？ EB も EC も，そして BC もすべておうぎ形の半径だから，すべての長さが 12 cm になっていて，△EBC は正三角形になっているね！

ということは∠EBC は 60° になる。

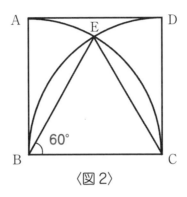

〈図2〉

じゃあ，③を考えてみよう！ これも**点 C を中心とするおうぎ形**を考えればいいから，∠ECF を求めればいいね！ これは，∠ECB から ∠FCB を引けばいいね。∠FCB はよーく見ると…？

気づいたかな？ ∠ACB と同じなんだ！ △ABC は直角二等辺三角形だから，∠ACB は 45° だ！

ということは，∠ECF は 60° − 45° = 15° とわかるね！ じゃあ答えを出してみよう！

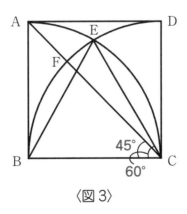

〈図3〉

①は 12 cm，②は $12 \times 2 \times 3.14 \times \dfrac{60}{360}$ (cm)，③は $12 \times 2 \times 3.14 \times \dfrac{15}{360}$ (cm)だから，次のようになるね。

$$12 + 12 \times 2 \times 3.14 \times \frac{60}{360} + 12 \times 2 \times 3.14 \times \frac{15}{360}$$

$$= 12 + 24 \times 3.14 \times \frac{5}{24}$$

$$= 12 + 5 \times 3.14$$

$$= 27.7 \, (\text{cm})$$

ここでは，3.14 の計算をまとめているのがポイントだね！ 結局，**中心角が60°と15°の，半径が等しいおうぎ形を合わせる**んだから，**中心角が75°のおうぎ形を考えていることと同じ**だね！

3.14 の計算は，最後にまとめて計算する！

答え

27.7 cm

（2）の解き方

（2）は難しいね！ アもイも面積を求められない……。ただ，この問題は，アとイの面積を求める問題じゃなくて，**面積の差を求める問題**なんだ。

アとイに共通するものを加えてあげて差をとっても，差は変わらないよね？

例えば，僕の身長は 173 cm，花子さんの身長は 143 cm だとしよう。差は何 cm かというと，

$$173 - 143 = 30$$

なので，30 cm だね。

ここで，2 人とも同じ高さの台に乗ったとき，地面から頭のてっぺんまでの長さの差はどうなるかな？

変わらず 30 cm だよね？

つまり，**同じものを加えた状態で差をとっても，その差は変わらないんだ！**

これをこの問題で考えてみよう。〈図 4〉のように，★部分を加えて考えてみると……。

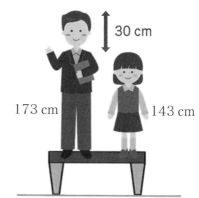
30 cm
173 cm
143 cm

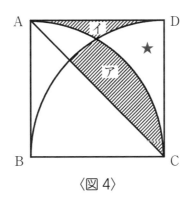

〈図4〉

見えたかな？ アーイではなくて，（**ア＋★**）－（**イ＋★**）って考えることで，2つの図形はとても見やすくなるよね！

ア＋★はおうぎ形なので簡単。イ＋★も正方形 ABCD から点 B を中心とする中心角が90°のおうぎ形を引いた図形だから，面積は簡単に出せそうだ！

じゃあ解答を作ってみよう！

ア＋★の面積

$12 \times 12 \times 3.14 \times \dfrac{45}{360} = 18 \times 3.14$

イ＋★の面積

$12 \times 12 - 12 \times 12 \times 3.14 \times \dfrac{90}{360} = 144 - 36 \times 3.14$

アーイ ＝ (ア＋★) － (イ＋★)

$\qquad = 18 \times 3.14 - (144 - 36 \times 3.14)$

$\qquad = 54 \times 3.14 - 144$

$\qquad = 25.56 \,(\text{cm}^2)$

面積の差を考えるときは，同じものを加えて差をとる！

答え

25.56 cm²

問題1

　図の△ABCと△CDEはどちらも正三角形であり，3点B，C，Dは同一直線上に並んでいます。BEとADの交点をFとするとき，図の∠BFDの大きさを求めなさい。

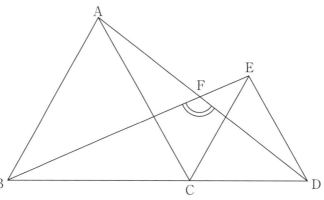

三角形の合同

　さて，ノーヒントだと少し難しいかもしれないね。この問題は，「三角形の合同」というものを利用して解く問題なんだけど，まずは合同について解説をしておこう。

　下の2つの四角形は，同じ形で大きさも同じになっているんだけど，このように，**一方をずらしたり，裏返したりすることによって，他方にピッタリ重ね合わせることができる**とき，この2つの図形は**合同である**というんだったね。

　下の四角形ABCDと四角形EFGHが合同であるとき，

（四角形ABCD）≡（四角形EFGH）

と表したりするよ。

　このとき，一般的には頂点の順番もそろえるので，注意をしておこう。

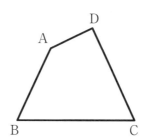
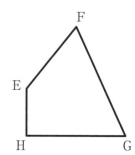

さて，合同な図形の中でも，特に三角形はとても重要なんだ。2つの三角形が合同であるためには，次の3つの条件のうちどれかを満たしていればいいんだ。3つともとても重要なので，ぜひ覚えておこう！

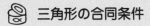
① 3組の辺の長さがそれぞれ等しい。

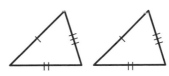

② 2組の辺の長さとその間の角がそれぞれ等しい。

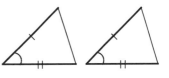

③ 1組の辺の長さとその両端の角がそれぞれ等しい。

さて，〈図1〉の △ACD と △BCE に注目してみよう！

△ABC は正三角形だから，

$$AC = BC \quad \cdots \quad (ア)$$

が成り立つね。

さらに，**△CDE も正三角形**だから，

$$CD = CE \quad \cdots \quad (イ)$$

も成り立つね。

そして，∠ACD と ∠BCE に注目してみよう。これらは**どちらも 120° であることがわかる**から，

$$∠ACD = ∠BCE \quad \cdots \quad (ウ)$$

であることがいえるね。

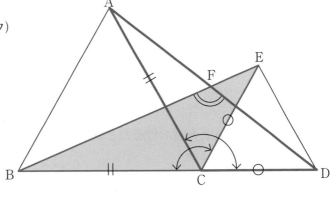

〈図1〉

ということは，（ア）（イ）（ウ）の条件から，**2組の辺の長さとその間の角がそれぞれ等しくなっている**から，△ACDと△BCEは**合同である**ことがいえるね！

記号で表すと，

$$\triangle ACD \equiv \triangle BCE$$

となるんだ。

この2つの三角形が合同であるということは，図の●印をつけた角は等しくなるね。

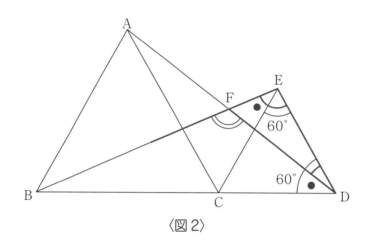

〈図2〉

〈図2〉において，

$$\angle FDE = 60° - ●$$
$$\angle FED = 60° + ●$$

がいえるから，外角の定理より，

$$\angle BFD = \angle FDE + \angle FED$$
$$= (60° - ●) + (60° + ●)$$
$$= 120°$$

となるね！

 **答え**

120°

このように，**2つの図形が合同であることを発見できる**と，同じ角度や同じ長さになっているところをどんどん見つけることができるんだ！

ちなみに，**直角三角形**については次の2つの合同条件を考えることもできるので，合わせて覚えておこう！

🏷 直角三角形の合同条件

① 直角三角形の斜辺と直角以外の1つの角がそれぞれ等しい。

② 直角三角形の斜辺と他の1辺がそれぞれ等しい。

（注）直角三角形において，直角に対する辺を斜辺という。

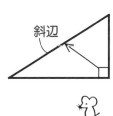

斜辺

図の▨▨▨の部分の面積を求めなさい。

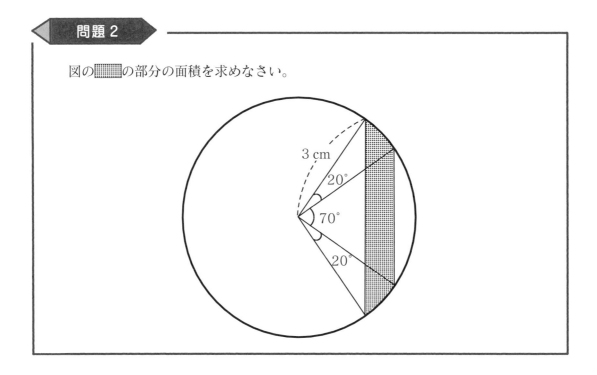

　このままだと少し難しいね！　まずは，この図形を〈図3〉のように上下に2等分してみよう。片方の面積を求めて2倍すると面積が求められるね。

　さて，ここで次のように記号をふっていこう。

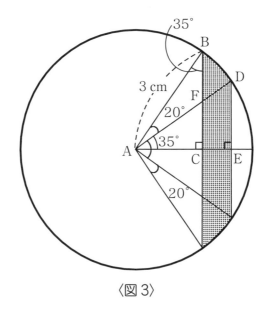

〈図3〉

　このとき，2つの直角三角形 △ABC と △DAE が合同になっているんだけど，わかるかな？

まず，円の半径より，

$$AB = DA \quad \cdots \quad (ア)$$

がいえるね。つまり，直角三角形の斜辺の長さが等しいわけだね。

さらに，∠ABC を求めてみよう。∠DAE は 70° の半分で 35° だから，

$$\angle BAC = 20° + 35° = 55°$$

になるね。

ということは，

$$\angle ABC = 180° - 90° - 55° = 35°$$

となるね。ということは，

$$\angle ABC = \angle DAE = 35° \quad \cdots \quad (イ)$$

というわけだね！

つまり，(ア)(イ) より，**直角三角形の斜辺と直角以外の 1 つの角がそれぞれ等しいから**，

$$\triangle ABC \equiv \triangle DAE$$

であることがいえるんだ！

ここからさらに考えを進めてみよう！

〈図 4〉のように，台形 CEDF は △DAE から★を引いた図形だよね？ つまり，

$$(台形 CEDF の面積) = (\triangle DAE の面積) - (★の面積)$$

となっているね。

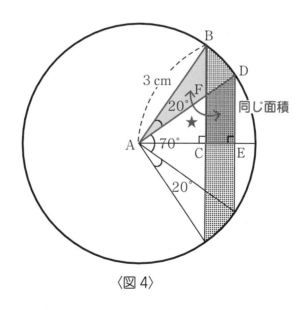

〈図 4〉

さらに，△BAF を見てみよう。

$$(\triangle BAF の面積) = (\triangle ABC の面積) - (★の面積)$$

になっているね。△DAE と△ABC の面積は同じなので，

（台形 CEDF の面積）＝（△ BAF の面積）

となることがわかるね！

　つまり，求める図形の面積は，〈図5〉の斜線部のおうぎ形の面積を2倍にしたものだったんだ！

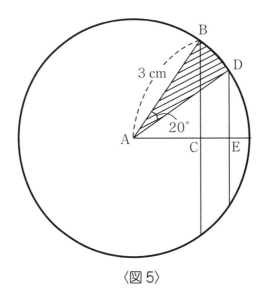

〈図5〉

　最後の計算をしてみよう！ **円の半径が3cm，中心角が20°のおうぎ形の面積を2倍にする**ので，

$$3 \times 3 \times 3.14 \times \frac{20}{360} \times 2 = 3 \times 3 \times 3.14 \times \frac{1}{9}$$

$$= 3.14\,(cm^2)$$

答え

3.14 cm²

図形問題では合同な三角形を見つけよう！

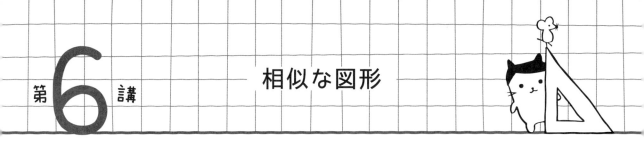

第6講 相似な図形

$AB = 5\,cm$,$BC = 6\,cm$,

$AB : AD = AC : AE = 2 : 3$

です。このとき,次の問いに答えなさい。

(1) DE の長さは何 cm ですか。

(2) A から辺 BC に引いた垂線の長さは 4 cm
でした。

① 三角形 ADE の面積は何 cm² ですか。

② 四角形 BDEC の面積は何 cm² ですか。

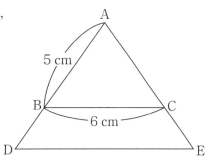

〈カリタス女子中学校　2022 年 (改題)〉

今回は,拡大と縮小の考え方を確認していこう！

図形の形を変えないで拡大または縮小
するとき,その図形ともとの図形は**相似**
であるというんだ。つまり,**図形の形が
同じであること**を相似というんだね。

例えば,右の図の四角形 ABCD と四
角形 EFGH は相似の関係になっている
よ。

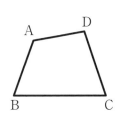
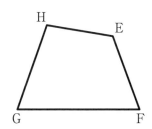

このとき,記号∽を用いて,

(四角形 ABCD)∽(四角形 EFGH)

と表すよ。

相似な図形の場合,例えば,AB : EF や BC : FG など,対応する辺どうしの比を**相似
比**というんだ。

そして,合同な図形と同じように,**相似の関係になる三角形が特に重要**なんだ。

合同条件と同じように,**三角形が相似の関係であるための条件**もあるので,ここで 紹
介するね！

三角形の相似条件

① 3組の辺の比がすべて等しい

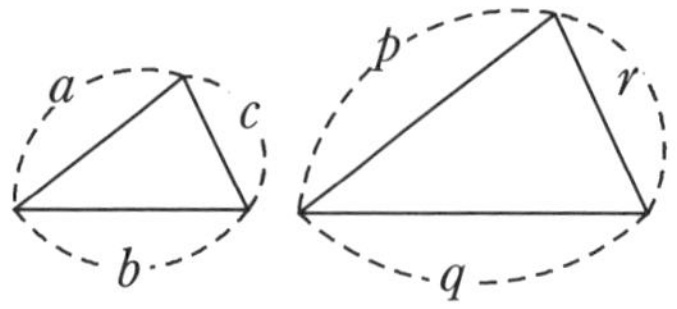

$a:b:c=p:q:r$

$a:p=b:q=c:r$

ア：イ＝a：b，イ：ウ＝b：c のとき，ア：イ：ウ＝a：b：c と表すよ。

② 2組の辺の比とその間の角がそれぞれ等しい

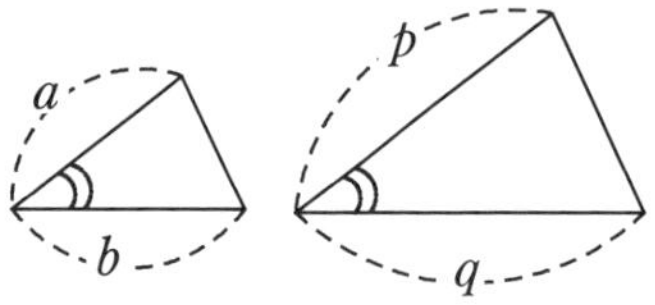

$a:b=p:q$

$a:p=b:q$

③ 2組の角がそれぞれ等しい

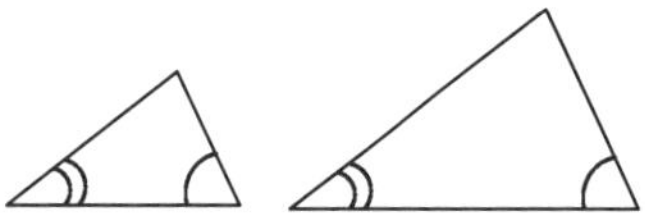

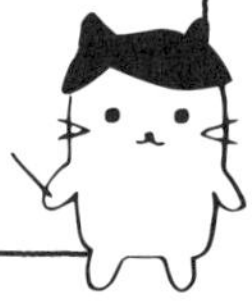

さて，この相似条件はすべて覚えていなくても大丈夫！　というのも，中学入試で出題される三角形の相似の判定には，ほとんど③の条件しか使わないんだ。

三角形は2つの角度が決まれば，自動的に残りの1つの角度が決まるよね。つまり，相似条件の③は，言い換えれば，「角度が2組同じだったら角度が全部同じになるよ！」ってことなんだ。

中学入試でよく出る相似は，**次の2パターンが多いので形をしっかり覚えておこう！**

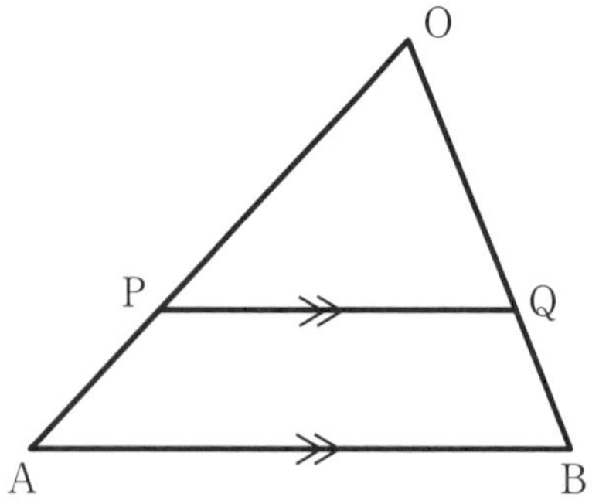

ピラミッド型

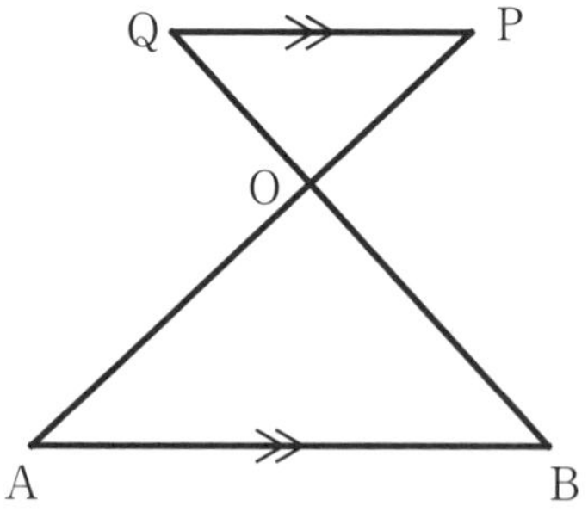

砂時計型

超定番の型で，平行線が出てきたときに非常によく表れる相似な三角形なんだ。こ

こでは，「ピラミッド型の相似」，「砂時計型の相似」と呼ぶことにしよう。どちらも
△OAB ∽ △OPQ が成り立っているんだ。もちろん相似条件は「2組の角がそれぞれ等
しい」だね。

さて，問題の解説に移っていこう！

◢◤ **（1）の解き方** ◥◣

ピラミッド型の相似だね！ △ABC ∽ △ADE な
んだけど，この2つの相似比はわかるかな？

相似比は**対応する辺どうしの比**のことなんだけ
ど，例えば AB：AD が相似比になるんだね。

これは，問題文に 2：3 であることが与えられて
いるね。

ということは，**BC：DE も 2：3 になるんだ。**

つまり，DE の長さは，

解き方のヒント！

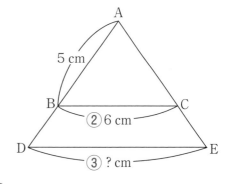

$$DE = BC \times \frac{3}{2}$$

$$= 6 \times \frac{3}{2}$$

$$= 9 \text{(cm)}$$

となるんだね。簡単でしょ？

答 え

9 cm

次のように，A から辺 BC に引いた垂線と辺 BC との交点を F，A から辺 DE に引いた垂線と辺 DE との交点を G とすると，△ABF ∽ △ADG が成り立つ。

ということは，AF：AG = 2：3 も成り立つね。

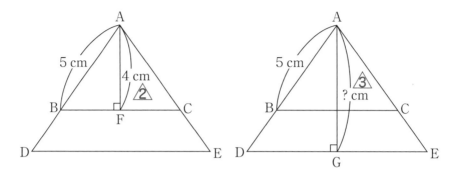

よって，

$$AG = AF \times \frac{3}{2}$$

$$= 4 \times \frac{3}{2}$$

$$= 6 \,(cm)$$

となるから，△ADE の面積は，

$$9 \times 6 \times \frac{1}{2} = 27 \,(cm^2)$$

だね！

答 え

27 cm²

四角形 BDEC の面積を求めるんだけど，ここで**相似比と面積比**についてとても重要な関係を紹介しておくよ！

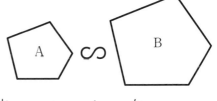

相似な図形の面積比

相似である図形ＡとＢがあり，相似比が

$$a : b$$

であるとき，ＡとＢの面積比は

$$a \times a : b \times b$$

となる。

相似比	a : b	
面積比	$a \times a$: $b \times b$	

△ ABC と △ ADE の相似比は２：３だね。ということは，この２つの図形の面積比は

$$2 \times 2 : 3 \times 3 = 4 : 9$$

となるんだ。△ ABC の面積を ④，△ ADE の面積を ⑨ とおいておこう。すると，四角形 BDEC の面積は ⑤ となるね。

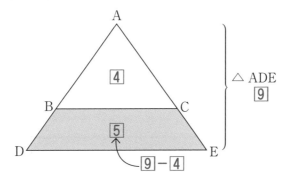

ということは，四角形 BDEC の面積は △ ADE の面積を $\dfrac{5}{9}$ 倍したものだね！ 計算すると，

$$27 \times \frac{5}{9} = 15 \, (\text{cm}^2)$$

となるんだ！

相似比と面積比の関係はとてもよく使うので，ここで基本をしっかり押さえておこう！

答え

15 cm²

問題 2

　図の四角形 ABCD は平行四辺形で，AB：AD ＝ 3：4，DF：FC ＝ 1：1 です。
同じ印の角は，同じ大きさです。

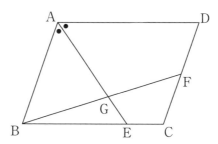

(1) AG：GE の比を，最も簡単な整数の比で表しなさい。

(2) 三角形 AGF と四角形 CFGE の面積の比を，最も簡単な整数の比で表しなさい。

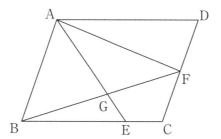

〈鷗友学園女子中学校　2020 年〉

（1）の解き方

　与(あた)えられている条件をうまく使おう。**AG：GE という辺の比**を求めるので，**うまく相似の三角形が作れないか**考えてみよう。

　つまり，〈辺 AG を含(ふく)む三角形〉と〈辺 GE を含む三角形〉で相似の関係になっている
ものを探してみるわけだ。しかし！ 残念ながら，すぐには見つからないね。

　そこで，**次のように補助線を引いてみよう！**

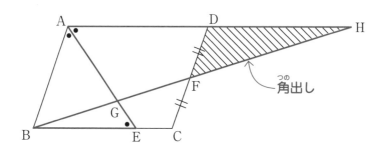

角出し

辺 AD を伸ばした線と直線 BF を伸ばした線の交点を H とすると，△AGH ∽ △EGB がいえるね！

このように，図形にちょこっと角を出すような考え方を「角出し」といったりするんだけど，**角出しは相似を見つける強力なツールなので**「あれ〜？ 相似が見つからないな〜」と思ったときには，角出しを疑ってみよう。

さて，相似比はどうなるかを考えていこう。AD // BC だから，錯角が等しくなるので，∠BEA = ∠DAE = • であることがいえるね。

ということは，**△BAE は二等辺三角形だ！** AB = ③ とすると，BE = ③ であることがわかるね。

AB : AD = 3 : 4 だから，AD = ④ となる。

さらに，DF = CF より △HDF ≡ △BCF がいえるから，**DH = ④ となるね！**

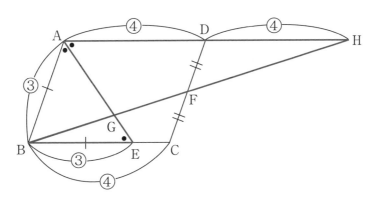

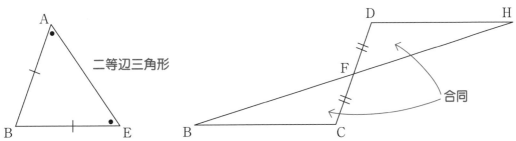

二等辺三角形

合同

これより，AH = ④ + ④ = ⑧ となるから，**△AGH と △EGB の相似比は，**

AH : EB = 8 : 3

であることがわかる。

したがって，**AG : GE = 8 : 3**

答え

8 : 3

◀ **(1)の別解** ▶

少し応用になるけど, とても有名な「角の二等分線の性質」があるので紹介しておくね。

🧀 **角の二等分線の性質**

△ABC の辺 BC 上に点 D があり,

$$\angle BAD = \angle DAC$$

であるならば,

$$BD : DC = AB : AC$$

が成り立つ。

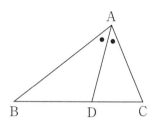

証明もしておこう！

右の図のように, AD // EC となる点 E をとると,
同位角, 錯角より△ACE は二等辺三角形になる。

よって,

$$BD : DC = BA : AE$$
$$= AB : AC$$

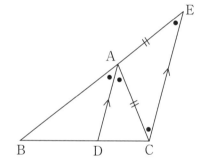

この証明から問題(1)に戻ると,

$$BG : GH = AB : AH = 3 : 8$$

よって, AG : GE = **8 : 3** となることがわかるね！

◀ （2）の解き方 ▷

さて，面積比を求める問題だね。面積比の考え方はいろいろあるんだけど，ここでは**底辺の比と面積比の関係を使った考え方**を紹介しよう。

📐 底辺の比と面積比

右の図のように，△ABC の辺 BC 上に点 D があり，

$$BD : DC = a : b$$

であるとする。

△ABD の面積を S，△ACD の面積を T とするとき，

$$S : T = a : b$$

が成り立つ。D が中点のときは，$S = T$ となる。

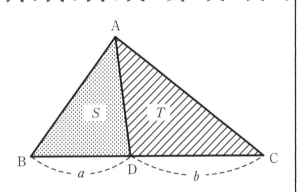

さて，四角形 CFGE はこのままだと面積が求めづらいので，**対角線 EF を引いて △FGE と △FEC に分けてみよう**。また，右のように**直線 AE と直線 DC の交点を I として，角出しをしてみよう**。

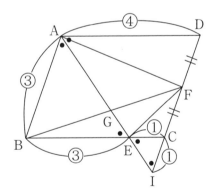

さて，ここで，**AG：GE：EI** に注目してみよう。AG：GE＝8：3 だから，AG＝⑧，GE＝③ とおくと，AE＝⑪ となる。

砂時計型の相似で，△BAE ∽ △CIE が成り立つから，AE：IE＝3：1 であり，EI の長さは AE の長さの $\dfrac{1}{3}$ 倍になる。つまり，EI＝△$\dfrac{11}{3}$△ となる。

これより,

$$AG : GE : EI = \boxed{8} : \boxed{3} : \triangle\frac{11}{3}$$
$$= 24 : 9 : 11$$

となるから,

$$\triangle FAG : \triangle FGE : \triangle FEI = 24 : 9 : 11$$

となるね。なので, $\triangle FAG = \boxed{24}$, $\triangle FGE = \boxed{9}$, $\triangle FEI = \boxed{11}$ とおいてみよう。

ここで, $DF : FC = 1 : 1$ だから, $FC = \boxed{\frac{3}{2}}$。また, $\triangle BAE \backsim \triangle CIE$ より, $\triangle CIE$ は二等辺三角形であり, $CI = CE = \boxed{1}$ だから,

$$FC : CI = \boxed{\frac{3}{2}} : \boxed{1}$$
$$= 3 : 2$$

よって, $\triangle ECF : \triangle EIC = 3 : 2$ になることがわかるね。

ということは, $\triangle EIF$ の面積 $\boxed{11}$ を $\dfrac{3}{3+2} = \dfrac{3}{5}$ 倍したものが $\triangle ECF$ の面積になるから,

$$\triangle ECF = \triangle EIC \times \frac{3}{5} = \boxed{11} \times \frac{3}{5} = \boxed{\frac{33}{5}}$$

したがって, 四角形 $CFGE$ の面積は, $\triangle FGE + \triangle ECF = \boxed{9} + \boxed{\frac{33}{5}} = \boxed{\frac{78}{5}}$

と表すことができるね! 長かった!!(笑)

ということで, $\triangle AGF$ と四角形 $CFGE$ の面積比は,

$$24 : \frac{78}{5} = 20 : 13$$

となるんだね。

底辺の比から面積比をおく考え方は本当によく使うので, しっかり復習しておこう!

答え

20 : 13

　1 辺の長さが 18 cm の正方形 ABCD において，各辺の真ん中の点 E, F, G, H と頂点を結んだ図です。また，BG と DF, CH と DF の交点を P, Q とします。次の問いに答えなさい。

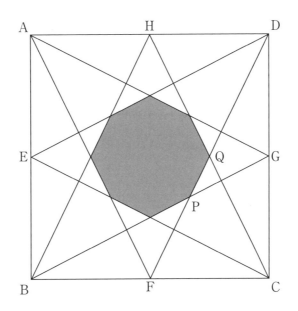

(1) BP : PG を，最も簡単な整数の比で表しなさい。

(2) △BFP の面積を求めなさい。

(3) 図の色を付けた部分の面積を求めなさい。

〈湘南白百合学園中学校　2022 年 (改題)〉

(1)の解き方

　まずは，**線分比**を求めていこう。相似な三角形がないかに注目していくと，**砂時計型の相似**で △PBF ∽ △PGQ が成り立っているね。また，**ピラミッド型の相似**から，△DQG ∽ △DFC が成り立っているから，QG : FC = 1 : 2 だね。

　F は辺 BC の中点だから，FB = FC なので，**QG : FB = QG : FC = 1 : 2** だ。

　よって，BP : PG = BF : QG = **2 : 1** と求められるね！　次ページの図のように，**平行線を引いて相似を見つければ**，スムーズに解けたんじゃないかな？

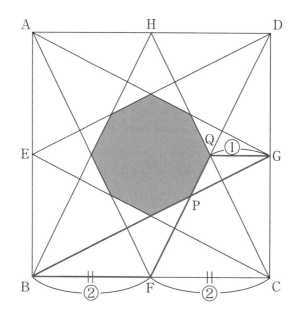

答え

2：1

(2)の解き方

　三角形の面積を求めるので，まずは基本に忠実に，**底辺と高さが求められないか**考えてみよう。PからBCに垂線を引き，BCとの交点をIとすると，△BFPの面積は，BFを底辺としてPIを高さと考えれば求められるね。

　ここで，**△BPI ∽ △BGC** を利用すると，(1)より，

$$PI : GC = BP : BG$$
$$= 2 : 3$$

となるから，

$$PI = GC \times \frac{2}{3} = 9 \times \frac{2}{3} = 6 \,(cm)$$

とわかるね。

　ということで，△BFPの面積は，

$$BF \times PI \times \frac{1}{2} = 9 \times 6 \times \frac{1}{2}$$
$$= 27 \,(cm^2)$$

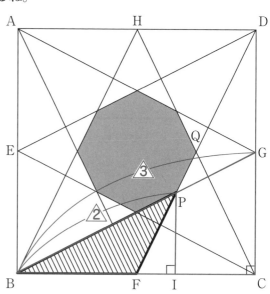

答え

27 cm²

（3）の解き方

八角形の部分の面積を求めていこう。こういった図形の面積を求めるときには，**対称性を考える**と解法の見通しが立ちやすくなるよ！

次の図のように，（2）で面積を求めた △ BFP と合同な三角形は，△ BFP を含めて 4 つあることがわかるね。さらに，この図を見てみると，△ QFC と合同な三角形も，△ QFC を含めて 4 つあることがわかる。

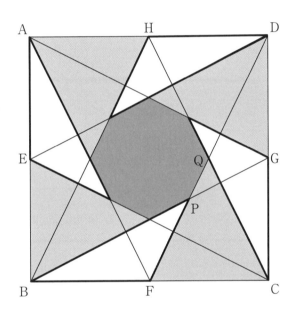

つまり，正方形 ABCD の面積から，△ BFP の面積 4 つ分と，△ QFC の面積 4 つ分を引けば，八角形の部分の面積を求めることができるんだ！

△ QFC の面積は，FC を底辺と見れば，高さは GC の長さと等しくなるので，

$$9 \times 9 \times \frac{1}{2} = \frac{81}{2} \, (\text{cm}^2)$$

だね。

ということで，求める面積は，

$$18 \times 18 - 27 \times 4 - \frac{81}{2} \times 4 = 324 - 108 - 162$$

$$= 54 \, (\text{cm}^2)$$

対称性に気づくことで，こうした面積はキレイに求めることができるんだ！

答え

54 cm²

問題2

図の斜線部分の面積は何 cm² ですか。

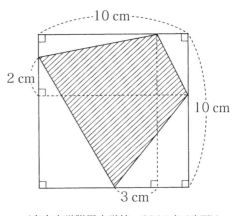

〈中央大学附属中学校　2021年(改題)〉

図形を分割して解く

　右の図のように，斜線部分の図形を分割してみよう。長方形を対角線で二等分しているから，■，▲，◆，●の同じ印がついた三角形の面積はそれぞれ等しくなるね。

　★の長方形は

$$2 \times 3 = 6 \,(\text{cm}^2)$$

であり，(■＋▲＋◆＋●)×2 の面積は，1辺の長さが 10 cm の正方形の面積から★の面積を引いたものなので，

$$(\blacksquare + \blacktriangle + \blacklozenge + \bullet) \times 2 = 10 \times 10 - 6$$
$$= 94 \,(\text{cm}^2)$$

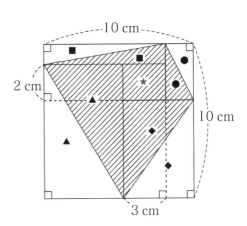

となる。したがって,

$$■ ＋ ▲ ＋ ◆ ＋ ● ＝ 94 \div 2 = 47\,(\text{cm}^2)$$

斜線部分の面積は, ■＋▲＋◆＋●＋★なので,

$$47 + 6 = 53\,(\text{cm}^2)$$

になるんだ。

面積を求める問題では,図形を分割して考えるとうまくいくことがあるよ！

答え

53 cm²

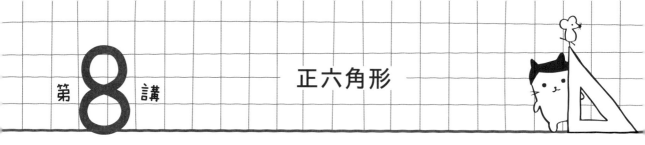

正六角形

第

▶ **問　題**

　　右の図のように，1辺の長さが6cmの正六角形を直線で2つに分けました。図のアの部分とイの部分の面積の比を，最も簡単な整数の比で表しなさい。

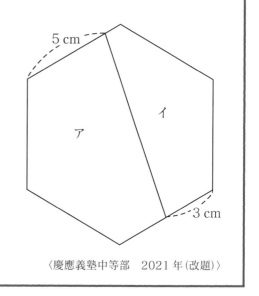

5 cm

イ

ア

3 cm

〈慶應義塾中等部　2021年(改題)〉

◀ **正六角形の分割を用いて解く** ▶

　　入試で非常によく出る**正六角形**は，さまざまな分割の仕方があるんだ。**代表的な分割の仕方**を紹介するので，丸暗記するのではなく理解をして面積比を求められるようにしておこう。

　　次ページの正六角形は，全体の面積を⑥としたとき，分割した三角形がそれぞれどのような面積になるのかを表したものだよ。

　　①と書かれているところは，正六角形の面積の$\frac{1}{6}$になっているってことだ。とてもキレイな面積比になっているね！

> 正六角形の分割は，代表的な面積比の関係を頭に入れておく。

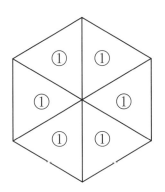
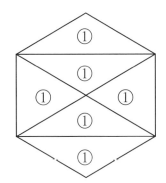
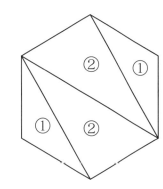

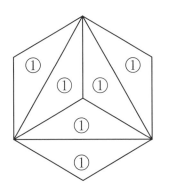
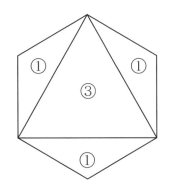
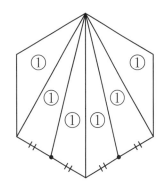

まずは、アとイの図形はそれぞれちょっと複雑な形をしているので、**対角線を引いてさらに細かく分けてしまおう。**

← 解き方のヒント！

また、わかりやすくするために、右のように各頂点にA〜Hの記号をふっておこう。

正六角形全体の面積を⑥とすると、

△ BCD ＝ ①、　△ AEF ＝ ①、

四角形 ABDE ＝ ④

となることがわかるね。

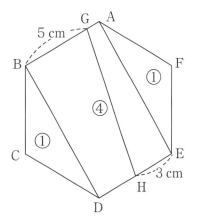

次に、**四角形 ABDE に注目してみよう。** ABとDEが平行だから、この四角形は台形になっているね（正確には長方形だけどね）。

この四角形はGHで2つの部分（ウとエ）に分かれているね。

台形の面積の求め方を思い出すと、 このウとエの面積比は……、

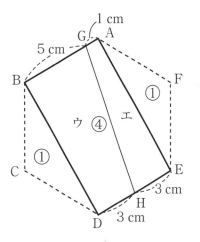

ウ … $(5 + 3) \times (高さ) \times \dfrac{1}{2}$

エ … $(1 + 3) \times (高さ) \times \dfrac{1}{2}$

となる。$\times (高さ) \times \dfrac{1}{2}$ の部分は共通しているから，

ウ：エ$= (5 + 3) : (1 + 3)$

$= 8 : 4$

$= \mathbf{2 : 1}$

であることがわかるね。

　ということは，

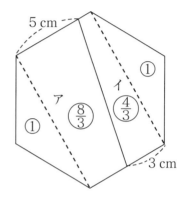

$(ウの面積) = ④ \times \dfrac{2}{3} = \left(\dfrac{8}{3}\right)$

$(エの面積) = ④ \times \dfrac{1}{3} = \left(\dfrac{4}{3}\right)$

となるね。

　あとは，**アとイの面積の比**を求めよう！

$\left(1 + \dfrac{8}{3}\right) : \left(1 + \dfrac{4}{3}\right) = \dfrac{11}{3} : \dfrac{7}{3}$

$= \mathbf{11 : 7}$

となるんだ！

正六角形を分割したときの面積比は，すぐに求められるように
しておこう！

答え

11：7

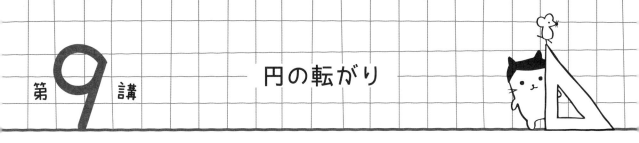

円の転がり

　右の図のように，1 辺が 2 cm の立方体の展開図が
あり，半径 1 cm の円がこの展開図のまわりをすべら
ないように回転して 1 周します。

　次の問いに答えなさい。ただし，円周率は 3.14 と
します。
(1) 円の中心がえがく線の長さは何 cm ですか。
(2) 円が通った部分の面積は何 cm² ですか。

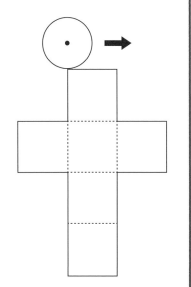

〈立教池袋中学校　2022 年 (改題)〉

　円の転がりを考えるとき，直線上を動くときは簡単にイメージできるね。**曲がり角の「外側を回るとき」** と 「**内側を回るとき**」に注意しよう。

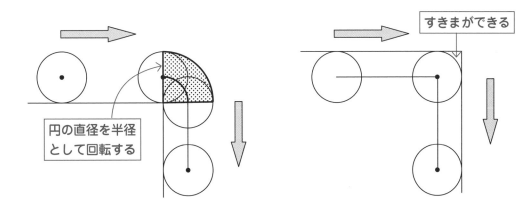

　円の中心がえがく線をかいてみると，
〈図1〉のようになるね。

解き方のヒント！

　直線と曲線に分けて考えてみよう。

　直線の部分は，

　　　　長さが1cmの線分 …6本

　　　　長さが2cmの線分 …4本

　　　　長さが3cmの線分 …2本

あるので，

　　　　$1 \times 6 + 2 \times 4 + 3 \times 2$

　　　　　　$= 20 \, (\text{cm})$

だね。

　曲線の部分は，すべて**半径が1cmで
中心角が90°のおうぎ形の弧**になってい
るね。

　これは全部で8本あるので，

　　　$1 \times 2 \times 3.14 \times \dfrac{90}{360} \times 8 = 4 \times 3.14$

　　　　　　　　　　　　　　$= 12.56 \, (\text{cm})$

となるね。

　したがって，求める長さは，

　　　$20 + 12.56 = \textbf{32.56} \, (\textbf{cm})$

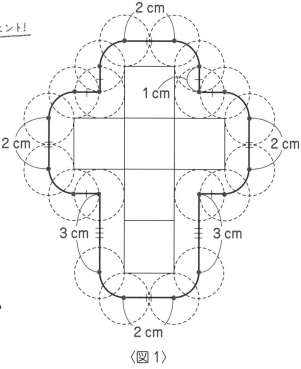

〈図1〉

答え

32.56 cm

◀ **(2)の解き方**

円が通った部分は〈図2〉の ▨ の部分だね。注意するべきは「すきま」の部分だね！
図形を分割していくと，次のようになるよ。

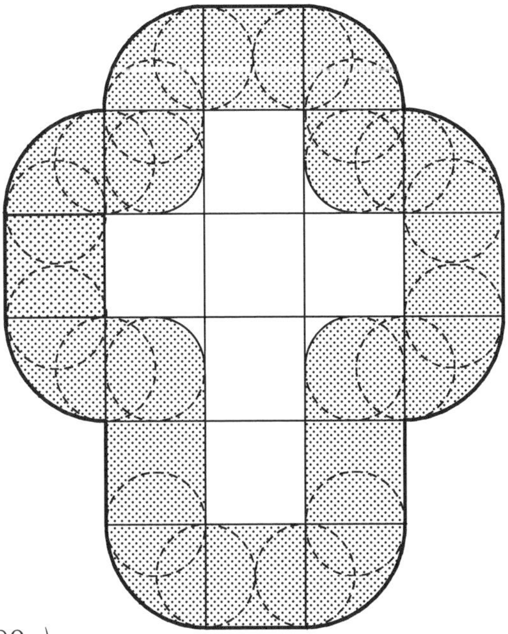

1辺の長さが2cmの正方形 … 6個

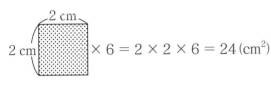

$$2cm \times 6 = 2 \times 2 \times 6 = 24 \, (cm^2)$$

半径が2cmで中心角が90°のおうぎ形
… 8個

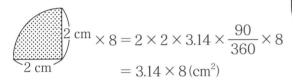

$$2cm \times 8 = 2 \times 2 \times 3.14 \times \frac{90}{360} \times 8$$
$$= 3.14 \times 8 \, (cm^2)$$

正方形からすきまを抜いた図形 … 4個

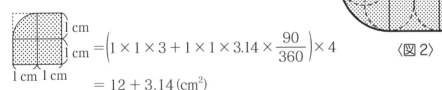

$$= \left(1 \times 1 \times 3 + 1 \times 1 \times 3.14 \times \frac{90}{360}\right) \times 4$$
$$= 12 + 3.14 \, (cm^2)$$

〈図2〉

したがって，求める面積は，
$$24 + 3.14 \times 8 + (12 + 3.14) = 36 + 3.14 \times 9$$
$$= 36 + 28.26$$
$$= 64.26 \, (cm^2)$$

答え

64.26 cm²

曲がり角の「外側を回るとき」と「内側を回るとき」の動きに
注意しよう！

第10講 反射の問題

問　題

　図①のような辺 AB の長さが 3 m, 辺 AD の長さが 5 m の長方形 ABCD があります。辺 BC 上に点 P を, BP = 4 m になるようにとり, 頂点 A から点 P に向けて光線を発射すると, 光線は辺にあたるごとに入射角と反射角が同じになるように反射し, どこかの頂点にあたるまで進みます。

　ただし, 図②のように 3 辺の長さが 3 m, 4 m, 5 m の三角形は, 直角三角形になります。

(1) 光線は [　　　　] 回反射した後, 頂点 [　　　　] にあたります。

(2) 光線が進んだ長さは [　　　　] m です。

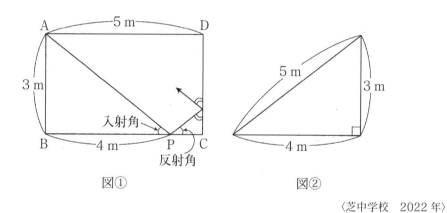

図①　　　　　　　　　　図②

〈芝中学校　2022 年〉

(1)の解き方

　さぁ, **反射のようすをいったん調べてみよう！** 図①の状況からさらに反射をさせていくと, 次のようになるね。

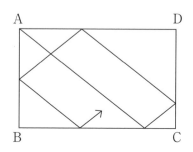

だけど、このまま考えていくのはちょっと大変だね。もちろん、できなくはないんだけど、少し工夫をしてみよう。反射の問題を考えるときは、対称な長方形を用意して、反射の軌跡(きせき)を一直線にして考えるといいんだ。

次の図を見てみよう。

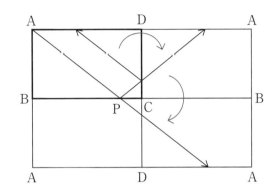

このように、どんどん対称な長方形を考えていけば、反射の折れ線はまっすぐな線として考えることができるね。最終的に「どこかの頂点にあたる」と反射が止まるから、次の図のような状態をイメージするといいね。

さて、このようになるとき、長方形は縦方向と横方向でそれぞれ何枚並ぶかな? 下の図の大きな直角三角形は△ABPと相似になっているから、縦の長さは3の倍数、横の長さは4の倍数になる必要があるね。

また、長方形の横の長さが5mであることから、横の長さは4と5の最小公倍数である20mだと考えられるね。このとき、縦の長さは15mになるので、縦方向に5枚、横方向に4枚並べた状態を考えるといいね。

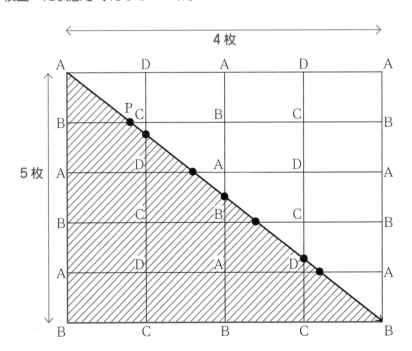

さて，図中の●が反射した場所なので，反射の回数は**7**回，最終的に頂点**B**にあたることがわかるね。

 答え

7，B

 （2）の解き方

ここまでできてしまえば，最後の長さもあっさり解けてしまうね。問題の図②より，**3：4：5の直角三角形の相似**を利用して，

$$20 \times \frac{5}{4} = \textbf{25}\,(\text{m})$$

と求められるね。

反射の問題を解くときは，対称（たいしょう）な長方形を用意して，反射の軌跡（きせき）を一直線にして考えるといいよ！

 答え

25

第5章
立体図形

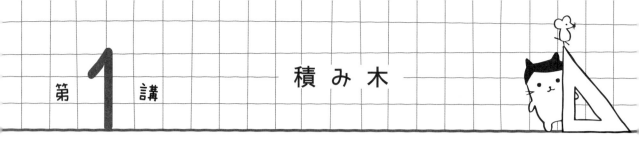

積 み 木

図 1 の一辺の長さが 6 cm の立方体の中に，一辺の長さが 2 cm の立方体を積み上げて立体⑦を作りました。立体⑦を図 1 の真上から見たときに，それぞれの場所に積まれた立方体の個数を表 1 に表します。

例えば，図 2 の立体のときは表 2 となります。このとき，立体⑦の表面積を求めなさい。

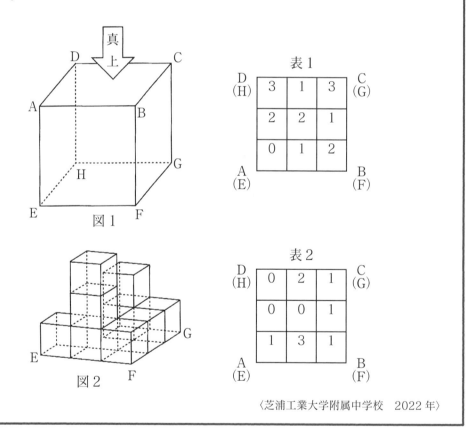

図 1

表 1

D (H)	3	1	3	C (G)
	2	2	1	
A (E)	0	1	2	B (F)

図 2

表 2

D (H)	0	2	1	C (G)
	0	0	1	
A (E)	1	3	1	B (F)

〈芝浦工業大学附属中学校　2022 年〉

一辺が 2 cm の立方体の積み木でできた立体だけど，実際の見取り図がない状態だね。もちろん，立体⑦の見取り図をしっかりかいて考えたほうがいいんだけど，**表面積や体積だけならば，見取り図がなくても求めることができる**んだ。

まず，**表面積を求めるときは，「3方向＋隠れている面」**を考えていくんだ。表1の情報から，この**立体㋐**を真上，正面，左側の3方向から見た図をかくと，次のようになる。

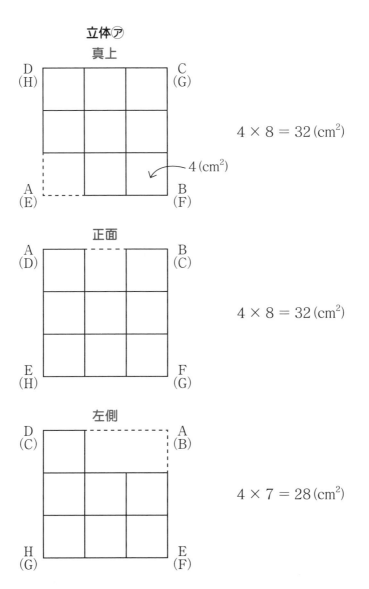

立体㋐
真上

$4 \times 8 = 32\,(\mathrm{cm}^2)$

$4\,(\mathrm{cm}^2)$

正面

$4 \times 8 = 32\,(\mathrm{cm}^2)$

左側

$4 \times 7 = 28\,(\mathrm{cm}^2)$

これらは，それぞれ反対方向から見ても同じように見えているはずだから，見えている表面積はこの3方向の面積をそれぞれ求めて2倍にすればいいね！

ただ，これだけだと不十分なんだ！ 次ページの図のように，**この3方向からは見えない隠れている面がある**から，その部分の面積も足さないといけない。次ページの図から，**隠れている面は6面ある**ことがわかるね。

隠れている面6つ

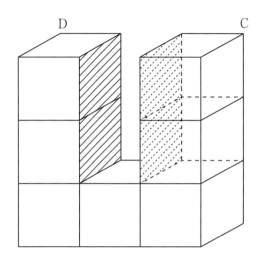

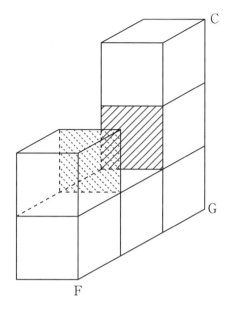

　隠れている部分の面積は

$$4 \times 6 = 24\,(\text{cm}^2)$$

　よって，表面積は

$$(32 + 32 + 28) \times 2 + 24 = \mathbf{208}\,(\text{cm}^2)$$

になるね！

答え

208 cm²

　一辺の長さが 1 cm の立方体がたくさんあります。この立方体を並べ，その立方体に接している他の立方体の個数が，それぞれの立方体に書かれています。例えば，図 1 では，それぞれ 1 つの立方体に接しているので，両方に 1 と書かれています。このとき，次の各問いに答えなさい。

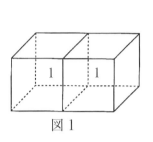

図 1

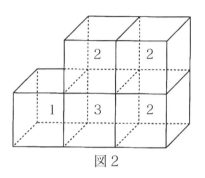

図 2

(1) 右の図のように立方体を並べたとき，書かれた数字の合計はいくつになりますか。

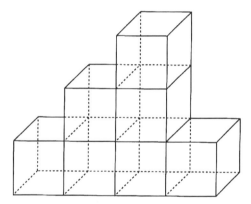

(2) たて 4 cm，横 5 cm，高さ 3 cm の箱に，すき間なく一辺 1 cm の立方体を敷き詰めたとき，立方体に書かれた数字の合計を求めなさい。

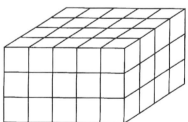

(3) たて 4 cm，横 5 cm，高さ _____ cm の箱に，すき間なく一辺 1 cm の立方体を敷き詰めたとき，立方体に書かれた数字の和が 980 でした。_____ にあてはまる数を求めなさい。

〈神奈川学園中学校　2021 年(改題)〉

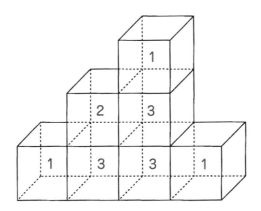

(1)の解き方

まずは，次の図のように立体に数字を書き込んでいこう！

$$1 + 1 + 1 + 2 + 3 + 3 + 3 = \mathbf{14}$$

答え

14

(2)の解き方

　さて，ここからあることに気づくことができれば，すんなりと問題が解けるんだ。まずは，簡単に立方体2つをたてに積んだときの数字の合計を考えてみよう。

　これは2とわかるね。さて，次の図から，**この2というのは，立方体を積んだときに隠れてしまった面の面積の合計である**ことに気づけたかな？　解き方のヒント！

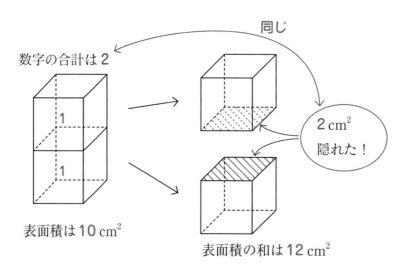

同じ

数字の合計は2

$2\,\mathrm{cm}^2$
隠れた！

表面積は $10\,\mathrm{cm}^2$

表面積の和は $12\,\mathrm{cm}^2$

つまり，数字の合計は「すべての立方体の表面積の和」から「この立体の表面積」を引いた値，つまり「隠れてしまった面の面積」の和になっていたんだね！ このことに気づけていると，すんなりと問題を解くことができたんだ！

立方体の個数の合計は

$$4 \times 5 \times 3 = 60 \,(\text{個})$$

なので，すべての立方体の表面積の和は，

$$60 \times 6 = 360 \,(\text{cm}^2)$$

この立体の表面積は，

$$(4 \times 5 + 3 \times 5 + 3 \times 4) \times 2 = 94 \,(\text{cm}^2)$$

よって，数字の合計は，

$$\underline{360} \quad - \quad \underline{94} \quad = \quad 266$$

すべての立方体　　この立体
の表面積の和　　　の表面積

答え

266

◀ **(3)の解き方** ▶

さぁ！ (2)でコツをつかんだかな？ 最後の問題を解いていこう！

高さが x cm であるとすると，この立体の表面積は

$$(4 \times 5 + x \times 5 + x \times 4) \times 2$$

$$= (20 + 9 \times x) \times 2$$

$$= 40 + 18 \times x \,(\text{cm}^2)$$

一方，立方体の個数は

$$4 \times 5 \times x = 20 \times x \,(\text{個})$$

1個の立方体の表面積は 6 cm^2 で，隠れた面の面積が 980 cm^2 なので，

$$\underline{20 \times x \times 6} \quad - \quad \underline{980} \quad = \underline{40 + 18 \times x}$$

すべての立方体の　　隠れた　　この立体の
表面積の和　　　　面の面積　　表面積

$$120 \times x - 980 = 40 + 18 \times x$$

計算が少し複雑だから，**線分図**で整理しよう！

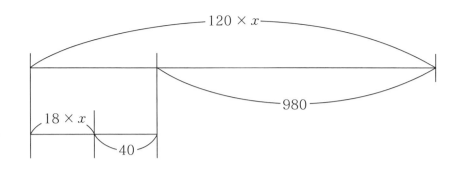

$$(120 - 18) \times x = 980 + 40$$
$$102 \times x = 1020$$
$$x = 10$$

よって，[＿＿＿]に入る数は **10** だね！

10

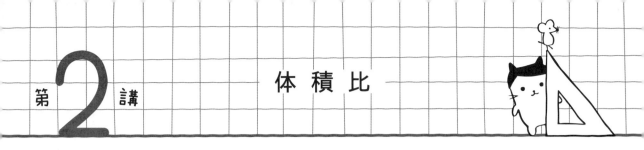

体 積 比

> **問題 1**

　立体 A は底面積が正方形の四角すい，立体 B は底面積が三角形の三角柱です。
次のそれぞれの問いに答えなさい。

(1) 立体 A と立体 B の底面積の比が 6 : 5，高さの比が 2 : 3 のとき，体積比を
　求めなさい。

(2) 立体 A と立体 B の底面積の比が 9 : 5，体積比が 21 : 20 のとき，高さの比
　を求めなさい。

> **(1)の解き方**

　立体 A と立体 B の底面積をそれぞれ⑥，⑤と考え，高さをそれぞれ△2，△3と考えて
みよう。

　A の体積と B の体積の比は，

$$⑥ × △2 × \frac{1}{3} : ⑤ × △3 = 4 : 15$$

> **答え**

4 : 15

> **(2)の解き方**

　立体 A と立体 B の底面積をそれぞれ⑨，⑤と考え，体積をそれぞれ㉑，⑳と考えると，
高さの比は，

$$㉑ × 3 ÷ ⑨ : ⑳ ÷ ⑤ = 7 : 4$$

と求められるんだ。

> **答え**

7 : 4

実際の大きさがわからなくても，底面積の比や高さの比など，同じ数量の比があれば，実際の大きさのように扱うことができるんだね！

問題2

右の図のように，ある円すいを底面に平行な面で高さが等しい3つの立体に分けます。これらを下から順に1段目，2段目，3段目の立体と呼ぶことにします。2段目の立体の体積は1段目の立体の体積の何倍ですか。

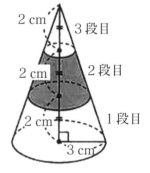

〈共立女子中学校　2021年〉

立体図形の相似

まずは，**立体図形の相似**についても学習をしておこう！ 平面図形のときと同じように，立体図形も形が同じであれば**相似**というんだ。もちろん，対応する辺の比を**相似比**というよ。

平面図形では，相似比が $a:b$ だった場合，面積比は $a \times a:b \times b$ になる性質があったよね？

実は，相似な立体にも相似比，表面積の比，体積比の関係があるので，しっかり覚えておこう！

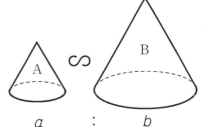

相似な立体の表面積の比と体積比

相似である立体 A と B があり，

相似比が $a:b$ であるとき，

　A と B の表面積の比は

　　$a \times a : b \times b$

　A と B の体積比は

　　$a \times a \times a : b \times b \times b$

となる。

相似比	a :	b
表面積の比	$a \times a$:	$b \times b$
体積比	$a \times a \times a$:	$b \times b \times b$

　例えば，1 辺の長さが 2 cm の立方体 A と 1 辺の長さが 3 cm の立方体 B を考えてみよう！ **相似比は 2 : 3** だね！

　　　A の表面積は，$2 \times 2 \times 6 = 24\,(\text{cm}^2)$

　　　B の表面積は，$3 \times 3 \times 6 = 54\,(\text{cm}^2)$

となるから，**表面積の比**は

　　　$24 : 54 = 4 : 9$

となるね。確かに，**(2 × 2) : (3 × 3)** になっているね。また，

　　　A の体積は，$2 \times 2 \times 2\,(\text{cm}^3)$

　　　B の体積は，$3 \times 3 \times 3\,(\text{cm}^3)$

だから，**体積比**は確かに，**(2 × 2 × 2) : (3 × 3 × 3)** になっているね！

　立方体だけでなく，相似な立体では常に成り立つので頭に入れておこう！

　さて，この問題なんだけど，問題の図のように，**3 段目だけの一番小さい円すいを A**，**3 段目と 2 段目を合わせた中くらいの円すいを B**，**3 段目と 2 段目と 1 段目を合わせた一番大きい円すいを C** とすると，A，B，C は相似な円すいになっているね。

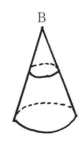
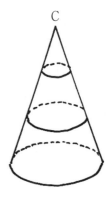

A　　　　B　　　　　C

この相似比は，高さの比から 1：2：3 だとわかるから，A，B，C の**体積の比**は，

$$(1 \times 1 \times 1) : (2 \times 2 \times 2) : (3 \times 3 \times 3) = \mathbf{1 : 8 : 27}$$

とわかる。

A の体積を①，B の体積を⑧，C の体積を㉗とすると，

$$(2 段目の立体の体積) = ⑧ - ① = ⑦$$

$$(1 段目の立体の体積) = ㉗ - ⑧ = ⑲$$

となるね。ということは，2 段目の立体の体積は 1 段目の立体の体積の何倍になるかというと，$\dfrac{7}{19}$ 倍だね！

> 相似比から体積比を導けるようになると，さまざまな問題で応用が利くので，ぜひこの考え方を身につけておこう！

答え

$\dfrac{7}{19}$ 倍

問題 3

大，中，小の 3 つの円柱があり，それぞれの底面の半径は 6 cm，3 cm，2 cm で，体積の比は 12：6：1 です。

右の図のように，大，中，小の円柱を重ねて立体を作ったところ，立体の表面積は 847.8 cm² になりました。

次の問いに答えなさい。ただし，円周率は 3.14 とします。

(1) 大，中，小の円柱の高さの比をもっとも簡単な整数の比で表しなさい。

(2) 重ねて作った立体の高さは何 cm ですか。

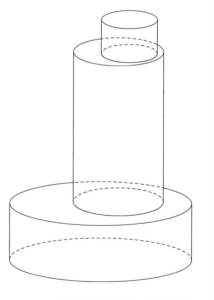

〈立教池袋中学校　2021 年〉

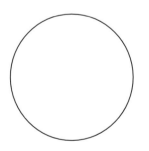

(1)の解き方

まず，**底面積の比**を考えてみよう。円の面積は，(半径)×(半径)×3.14 だけど，今回は面積の比を出すだけだから，**× 3.14 はしなくてもいいね！**

$$大 : 中 : 小 = (6 \times 6) : (3 \times 3) : (2 \times 2)$$
$$= 36 : 9 : 4$$

体積を底面積で割れば高さが求められるように，**体積の比を底面積の比で割れば，高さの比が求められる**ね！

	大 : 中 : 小
底面積	36 : 9 : 4
体積の比	12 : 6 : 1
高さの比	$\dfrac{12}{36} : \dfrac{6}{9} : \dfrac{1}{4} = \dfrac{1}{3} : \dfrac{2}{3} : \dfrac{1}{4} = 4 : 8 : 3$

答え

4 : 8 : 3

(2)の解き方

立体の表面積を利用して，**各円柱の高さ**を求めてみよう。この立体の底面積は次のように考えるといいね。

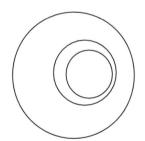

ということは，底面積は半径 6 cm の円 2 つ分と考えるといいね。

底面積は，

$$6 \times 6 \times 3.14 \times 2 = 72 \times 3.14 \, (\text{cm}^2)$$

解き方のヒント！

次に**側面積**を考えてみよう。(1)を利用して，大，中，小の円柱の高さをそれぞれ，④，⑧，③としよう。各側面は展開図にすると長方形になるので，次のように考えられる。

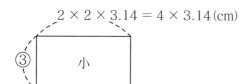

$2 \times 2 \times 3.14 = 4 \times 3.14 \,(\text{cm})$

ⓐ $\times 4 \times 3.14 =$ ⑫ $\times 3.14 \,(\text{cm}^2)$

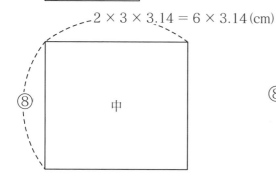

$2 \times 3 \times 3.14 = 6 \times 3.14 \,(\text{cm})$

⑧ $\times 6 \times 3.14 =$ ㊽ $\times 3.14 \,(\text{cm}^2)$

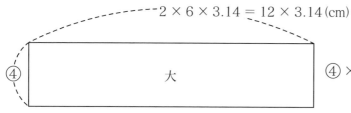

$2 \times 6 \times 3.14 = 12 \times 3.14 \,(\text{cm})$

④ $\times 12 \times 3.14 =$ ㊽ $\times 3.14 \,(\text{cm}^2)$

３つの側面積を加えると，

⑫ $\times 3.14 +$ ㊽ $\times 3.14 +$ ㊽ $\times 3.14 =$ ⑱ $\times 3.14 \,(\text{cm}^2)$

となるね。

表面積について式を立てると，

$72 \times 3.14 +$ ⑱ $\times 3.14 = 847.8$ … ☆

となるね。ここで，左辺を見てみると，×3.14の式が２つあるね。$847.8 \div 3.14 = 270$
だから，☆は次のように変形できる。

$72 \times 3.14 +$ ⑱ $\times 3.14 = 270 \times 3.14$

すべての式に×3.14がついているから，

$72 +$ ⑱ $= 270$

よって，

⑱ $= 198$

高さの合計は④＋⑧＋③＝⑮なので，

⑮ $= 198 \times \dfrac{15}{108} = \dfrac{55}{2} =$ **27.5 (cm)**

答え

27.5 cm $\left[27\dfrac{1}{2}\,\text{cm} \right]$

立体の切断

　次の点 ● を通る平面で, 1 辺の長さが 4 cm の立方体を切断したときの切り口を, 図にかき込み, 切り口の形をできるだけ正確に答えなさい。ただし, 辺上にある点はすべて中点です。

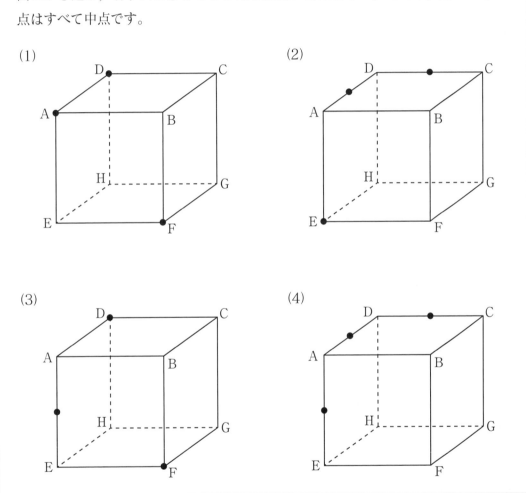

(1)

(2)

(3)

(4)

さて, 立体の切断, 特に**立方体の切断**はよく入試でも出るので, 確認しておこう!

立方体の切断

立方体の切断は，次の３つのルールを押さえておこう。

右の立方体を，•印をつけた３点を通るような平面で切ったとき，その切り口は次の手順で求めることができるよ。

① 同一平面上の切り口の端は結べる。

② 平行な面の切り口は平行になる。

③ 面を拡張して平面全体を切る。

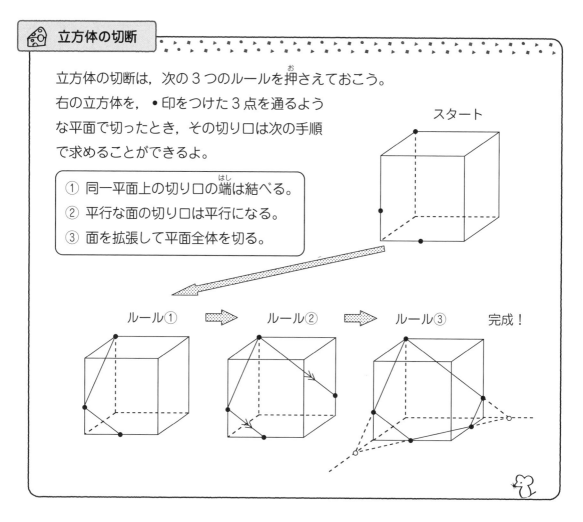

スタート

ルール①　⇒　ルール②　⇒　ルール③　完成！

このように考えると，それぞれどのような切り口になるか求められるよ。

（1）の解き方

切り口は右の図のようになり，図形の形は**長方形**になっているね！

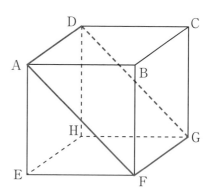

答え

長方形（右の図の赤線）

◀ (2)の解き方 ▶

切り口は右の図のようになり，図形の形は**台形**に
なっているね！ さらにいうと，図のMEとNGの長
さが同じになっているよね。このような図形は，**等脚
台形**（とうきゃく）と呼ばれているので，合わせて覚えておこう！

答え

台形（右の図の赤線）

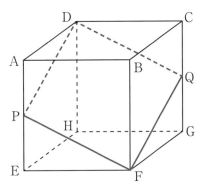

◀ (3)の解き方 ▶

切り口は右の図のようになり，図形の形は**ひし形**に
なっているね！

注意！

この切り口を正方形と答える人が多いので注意が必
要だ！ 確かに，図のDP，PF，FQ，QDの長さは全
部等しいんだけど，**すべての辺の長さが等しいだけで
は正方形とはいえないんだ。正方形は「すべての角が
直角」または「対角線の長さが等しい」という条件も
必要**なので，注意しておこう。

答え

ひし形（右上の図の赤線）

◀ (4)の解き方 ▶

手順をしっかり守ると，右の図のよう
に切り口は**正六角形**になるね！

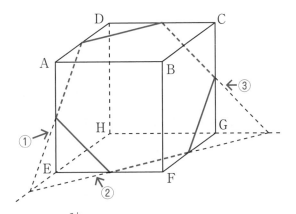

答え

正六角形（右の図の赤線）

立体の切断は，しっかりと手順を覚えておけば何も怖（こわ）くないよ！

右の図は1辺の長さが6cmの立方体で，点P，Q，R，Sはそれぞれ，辺AD，BC，EF，HGの真ん中の点です。P，Q，R，Sを結んでできる立体を立体アとし，PQの真ん中の点を点Mとします。

次の問いに答えなさい。

(1) 次の　　　　　にあてはまる数を求めなさい。

三角形MRSの面積は　①　cm²，立体アの体積は　②　cm³です。

(2) PR，PSの真ん中の点をそれぞれ点T，Uとします。

点P，M，T，Uを結んでできる立体の体積を求めなさい。

(3) 四角すいM−EFGHと立体アの重なっている部分の体積を求めなさい。

〈城北中学校　2021年〉

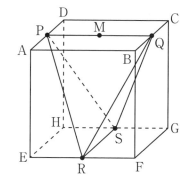

（1）の解き方

右の図のように，MからRSに垂線を下ろすと，その長さは立方体の1辺の長さの6cmだね。RSの長さも6cmだから，①は，

$$6 \times 6 \times \frac{1}{2} = 18 \,(cm^2)$$

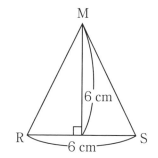

また，立体アの体積は，右の図のように平面MRSで立体アを2つに分けると，合同な立体になるから，片方を求めて2倍すればいい。△MRSを底面としてPを頂点とする三角すいが2つあると考えて，②は，

$$18 \times 3 \times \frac{1}{3} \times 2 = 36 \,(cm^3)$$

となる。

このとき，右の図のように，△MRSを底面と考えて，PQを高さの和として考えてもいいね！

記号で式を書くと，

$$\triangle MRS \times PM \times \frac{1}{3} + \triangle MRS \times QM \times \frac{1}{3}$$

$$= \triangle MRS \times (PM + QM) \times \frac{1}{3}$$

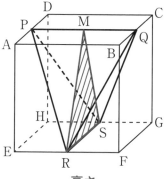

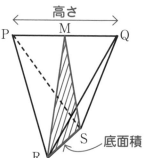

$$= \triangle \text{MRS} \times \text{PQ} \times \frac{1}{3}$$

つまり，$18 \times 6 \times \dfrac{1}{3} = 36\,(\text{cm}^3)$

ということなんだ。このように**立体の中に底面を取れるようになると，計算が簡単になる
ことがある**ので，この考え方も理解しておこう！

答え

① 18（cm²）　② 36（cm³）

(2)の解き方

まずはイメージして図をかいてみよう。次のように正しくかけたかな？

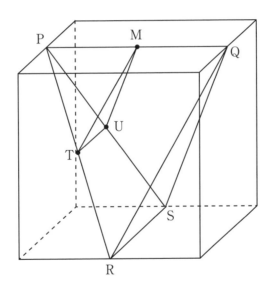

　さて，立体 PMTU だけど，**M，T，U がそれぞれ PQ，PR，PS の中点になっているこ
と**から，**立体 PMTU と立体 PQRS（立体ア）は相似**になっていることがわかる。相似比は
1：2だから，体積比は，$(1 \times 1 \times 1) : (2 \times 2 \times 2) = 1 : 8$ になるね！

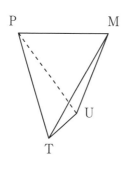

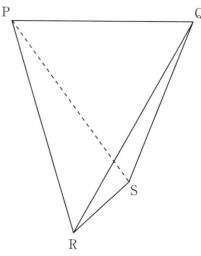

相似比	1	:	2
体積比	1	:	8

よって，立体 PMTU の体積は立体 PQRS（立体ア）の体積の $\frac{1}{8}$ になるので，

$$36 \times \frac{1}{8} = \frac{9}{2} \, (\text{cm}^3)$$

となるね！

答え

$\frac{9}{2}$ cm³ [4.5 cm³]

(3)の解き方

さあ！ 最後の問題だ！ まずはしっかりとイメージしよう！ (2)の T は PR と ME の交点になり，U は PS と MH の交点になっている。

次ページの図のように，QR と MF の交点を V，QS と MG の交点を W とおくと，体積を求める立体は，7点 M，T，V，W，U，S，R を結んだ立体になるね。

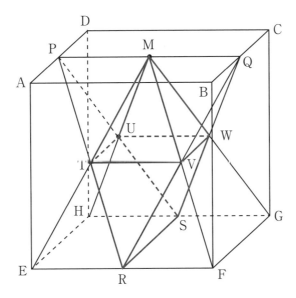

　この立体は，**立体 PQRS（立体ア）から立体 PMTU と立体 QMVW を引いた図形**になっている。そして，立体 PMTU と立体 QMVW は合同な立体になっているよ！

　立体 PQRS（立体ア）の体積を $\boxed{8}$ とすると，立体 PMTU と立体 QMVW の体積は $\boxed{1}$ となるから，求める立体の体積は，

$$\boxed{8}-(\boxed{1}+\boxed{1})=\boxed{6}$$

となるね！

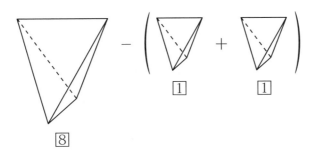

したがって，**立体 PQRS（立体ア）の体積を $\dfrac{6}{8}\left(=\dfrac{3}{4}\right)$ 倍すればいい**ので，求める体積は

$$36\times\frac{3}{4}=27\,(\text{cm}^3)$$

だね！

答え

27 cm³

体積比をうまく考えることで，計算がかなり少なくなるので，相似比と体積比の関係はしっかり復習しておこう！

問題3

右図のような1辺6cmの立方体から直方体を切りとった形の立体があります。次の問に答えなさい。

(1) この立体の体積を求めなさい。

(2) この立体を3点A，B，Cを通る平面で切って2つに分けたとき，2つの立体の体積を求めなさい。

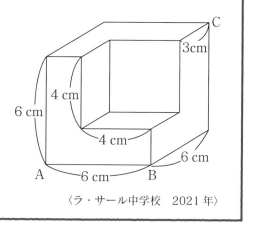

〈ラ・サール中学校　2021年〉

(1)は簡単だけど，(2)は難しい問題だね！ ひとつずつ確認していこう！

(1)の解き方

立方体の体積から，直方体の体積を引くだけなので，あっさり終わるね！

$$6 \times 6 \times 6 - 4 \times 4 \times 3 = 216 - 48$$
$$= 168 \, (\text{cm}^3)$$

答え

168 cm³

(2)の解き方

さて，**立体の切断**なんだけど，ふつうの立方体の切断とはちょっと違った設定だ。この問題のように，難関中学の立体の切断問題ではさまざまな設定があるんだけど，基本的な方針は変わらないよ。

まずは，切り取った直方体を復元してあげて，立方体と直方体を同時に切ることを考えてみよう。

〈図1〉が全体の図で，立方体の各頂点に記号をふっているよ。〈図2〉が右側から見た図だよ。

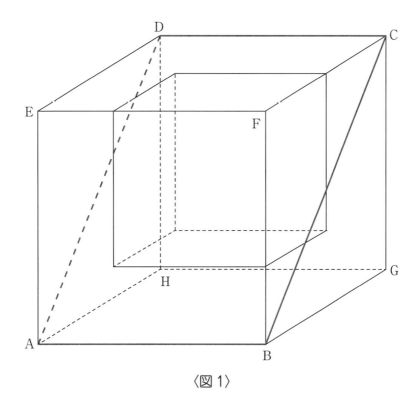

〈図1〉

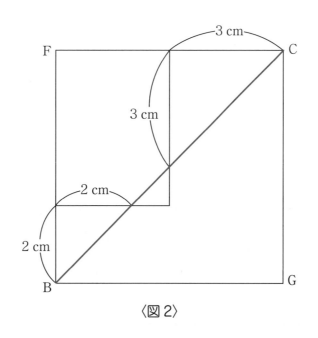

〈図2〉

さらに，このように切った立体に切り口の線を追加してみると，次の〈図3〉のように
なるね。

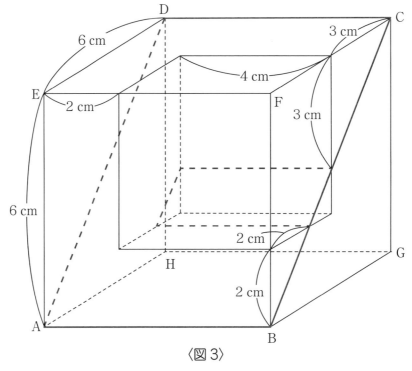

〈図3〉

この立体のうち，**頂点Eを含むほうの立体の体積**を考えてみよう。Eを含む立体は次
の〈図4〉のように，ア，イ，ウの3つの三角柱に分けることができるね！

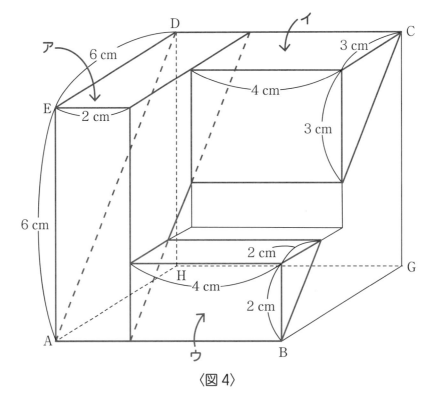

〈図4〉

ア，イ，ウの体積をそれぞれ求めていこう！

ア

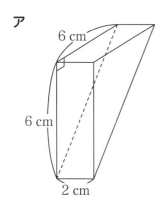

$$6 \times 6 \times \frac{1}{2} \times 2 = 36\,(\text{cm}^3)$$

イ

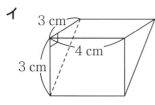

$$3 \times 3 \times \frac{1}{2} \times 4 = 18\,(\text{cm}^3)$$

ウ

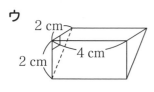

$$2 \times 2 \times \frac{1}{2} \times 4 = 8\,(\text{cm}^3)$$

長かったけど，これで**頂点 E を含む立体の体積**は求めることができるね！ 体積は，

　　ア＋イ＋ウ＝ 36 ＋ 18 ＋ 8 ＝ **62（cm³）**

(1)より，**残りの立体の体積**は，

　　168 － 62 ＝ **106（cm³）**

とわかるね。

> **答え**

62 cm³，106 cm³

複雑な立体の切断を考えるときは，このように見えない面を追加して考えていくと，見通しが立ちやすくなるよ！

立方体の展開図

問題1

図1の立方体の展開図が図2のようになっています。このとき，展開図のア，イ，ウにあてはまる頂点はA～Hのどれか，答えなさい。

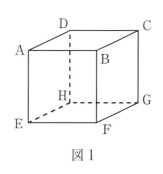

図1

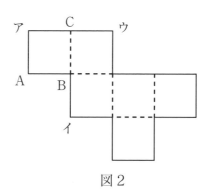

図2

展開図のルール

立方体の展開図は入試でもよく出題されるんだ。ここで，まずは**立方体の展開図の全パターン**を紹介しておくよ！

全部で11種類の展開図があり，立方体の展開図は以下の11種のどれかを回転，または裏返ししたものに過ぎないんだ！

全種類覚えなくても大丈夫なんだけど，意外と簡単なので覚えちゃってもいいかもね！ 一応覚えやすくするために型を分類してみたよ！

① 直線型（斜線の部分が直線のように並ぶ） 6種類

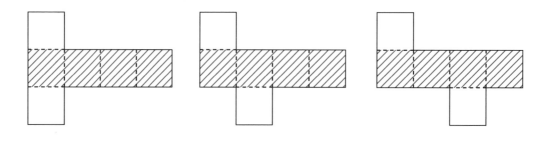

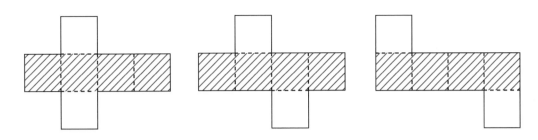

② 佐渡島型（斜線部分が佐渡島のような形）　3種類

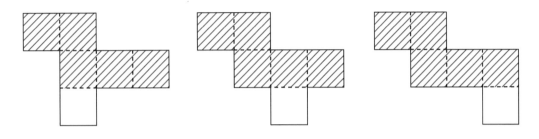

③ 階段型（階段のように並ぶ）　2種類

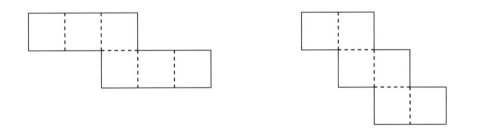

　さて，立方体の各頂点が展開図のどの頂点に対応するのかは，次の3つのルールを理解しておくと簡単に求められるんだ！

【ルール①】

　3つの頂点が判明したら，残りはわかる。

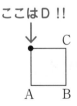

【ルール②】

　図の●は重なるので，同じ頂点。

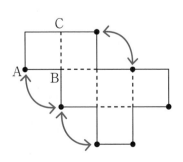

【ルール③】

図の○は立方体の一番遠い頂点どうし。

(AとG / BとH / CとE / DとF)

ルール①より, アは **D** とわかる。

ルール②より, イは **A** とわかる。

ルール③より, ウは **G** とわかる。

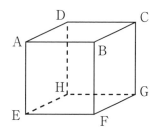

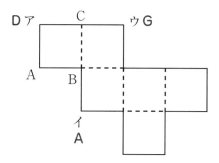

　このようにして, 展開図に各頂点を書き込めるようになると, 立方体のどの面が展開図のどこに配置されるかわかりやすくなるね! 確認のため, 全部の頂点を書き込んでみると次のようになるよ。

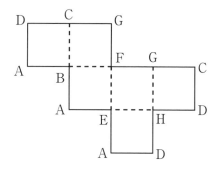

答え

ア…D　イ…A　ウ…G

問題2

立方体の各面に，次のような 1 ～ 6 の目がかかれたシールを 1 枚ずつ貼り，さいころを作りました。

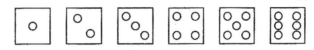

このとき，さいころの向かい合う面の目の和が 7 になるようにしました。

(1) このさいころを 2 の目を上にして，ある方向から見ると図 1 のように見えました。また，1 の目を上にして，ある方向から見ると（図 2），見えた目は図 1 で見えた目とはすべて異なりました。手前の面（斜線が引かれた面）の目を算用数字で答えなさい。

図 1   図 2

(2) 右の図はこのさいころの展開図です。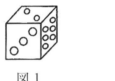，の目の向きの違いに注意して，展開図を完成させなさい。

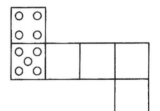

(3) このさいころを 4 回ふったところ，出た目（上面の目）は大きくなっていきました。また，手前の面（斜線が引かれた面）の目はすべて 2 でした。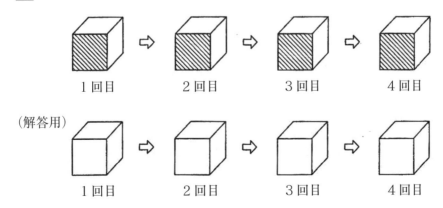 またはを正しくかきいれなさい。

（解答用）

1回目　　2回目　　3回目　　4回目

(4) このさいころを3回ふったところ，出た目は大きくなっていきました。また，手前の面は次の図のようになりました。

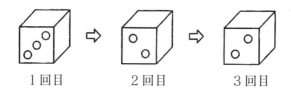

1回目 　　 2回目 　　 3回目

出た目として考えられる組み合わせを，答え方の例にならってすべて答えなさい。

【答え方の例】1，2，3の順に出た場合……(1，2，3)

〈栄光学園中学校　2021年〉

▶ **(1)の解き方**

消去法で考えていけば，斜線が引かれた面の目は4か5だね。問題の図1から，1の目，4の目，5の目がどこにあるかわかるね！

1の目を上にした場合，2，3，4，5の目の配置を考えると次のようになる。

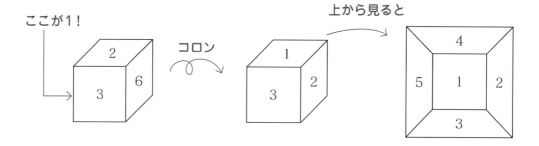

問題の図2で2，3の目は見えないから

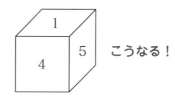

こうなる！

この位置関係から，斜線が引かれた面の目は**4**とわかるね。

4

（2）の解き方

立方体の各頂点に A ～ H までの記号をつけると，図1と図2は，次のようになるよ。

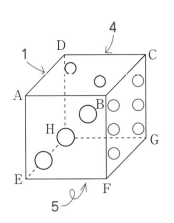

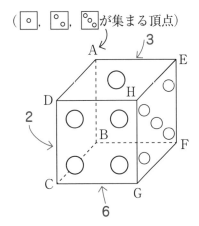

準備が終わったので，この記号を展開図に書き入れていこう！

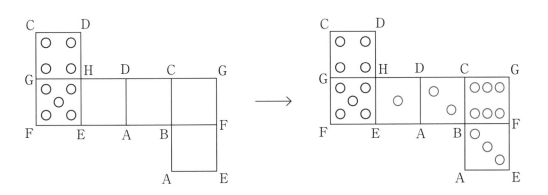

　頭の中のイメージだけで，サイコロの目を正確に書きこんでいくのは難しいけど，こうして記号をふってあげることで，とても考えやすくなったね！

答え

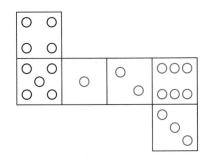

まず，2の目の向かい側は常に5だから，上の面に5が現れることはないよね。ということは，出た目（上面の目）は1回目から順に，1，3，4，6となることがわかる。

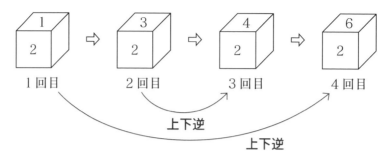

上下逆

上下逆

あとは，(2)で考えた記号を対応させていけば，2の目の向きもわかるね！ ここで1つポイントをいうと，**上面の目が1のときと6のときは，上下が逆になるだけだから，2の目の向きは同じだよね！** 当然，上面の目が3のときと4のときも同じだ！

答 え

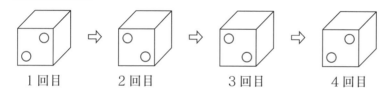

1回目　　　2回目　　　3回目　　　4回目

それぞれの出た目は，向きを考えると，次のように2組ずつ考えられる。

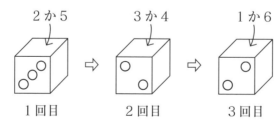

このうち，1回目に5の目は出ていないから，1回目は2の目であることがわかるね。同様に，3回目に1の目は出ていないから，3回目は6の目であることもわかる。2回目は，3の目，4の目のどちらもありえるから，答えは，(2, 3, 6)，(2, 4, 6)。

答 え

(2, 3, 6)，(2, 4, 6)

問題 1

右の斜線部分の図形を，直線 BC の
まわりに 1 回転してできる立体の体積
は何 cm³ ですか。

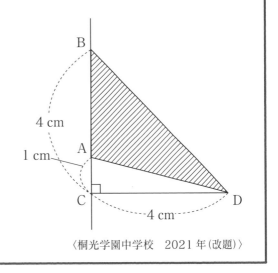

〈桐光学園中学校　2021 年（改題）〉

円すいの体積を求める

まずは，**回転体**をかいてみよう！ 次の〈図 1〉のようなイメージになるね！

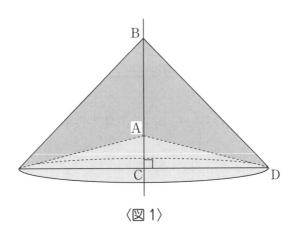

〈図 1〉

これは，次のページの〈図 2〉のように，（底面の半径が 4 cm で高さが 4 cm の円すい）
から（底面の半径が 4 cm で高さが 1 cm の円すい）を取りのぞいた図形になっているね。

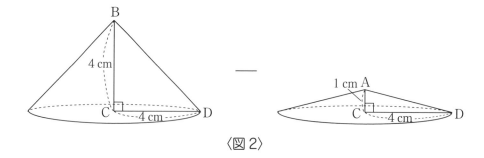

〈図2〉

式は，

$$4 \times 4 \times 3.14 \times 4 \times \frac{1}{3} - 4 \times 4 \times 3.14 \times 1 \times \frac{1}{3}$$

になるね。

ここで，あえてこの式を次のように変形してみよう。

$$\underwave{4 \times 4 \times 3.14} \times 4 \times \frac{1}{3} - \underwave{4 \times 4 \times 3.14} \times 1 \times \frac{1}{3}$$
ここが同じ

$$= 4 \times 4 \times 3.14 \times (4 - 1) \times \frac{1}{3}$$

$$= 4 \times 4 \times 3.14 \times 3 \times \frac{1}{3}$$

この式が何を意味しているかというと，

$$\underset{底面積}{4 \times 4 \times 3.14} \times \underset{高さの差}{3} \times \frac{1}{3}$$

という状態になっているんだ。

つまり，この問題は，**半径が 4 cm の円を底面として，AB の長さを高さとする円すいの体積を求めるのと同じ**なんだね。

このことがわかっていると，いちいち 2 つの立体の体積を求めて差をとる必要がなくなるよ！

最後に答えを求めておこう！

$$4 \times 4 \times 3.14 \times 3 \times \frac{1}{3} = 16 \times 3.14 = 31.4 + 18.84 = \textbf{50.24} \ (cm^3)$$

「円すいの体積の差」や「円すいの体積の和」を考えるときは，円すいの高さの差や円すいの高さの和を考えると計算が楽なのでぜひ活用していこう！

答え

50.24 cm³

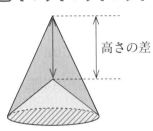

まとめ

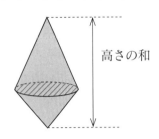

高さの差

高さの和

(底面積) × (高さの差) × $\frac{1}{3}$

(底面積) × (高さの和) × $\frac{1}{3}$

問題2

　右の図のように直角三角形 ABC の辺 AB，BC と直線 ℓ が 2 点 D，E で交わっています。直角三角形 ABC を直線 ℓ の周りに 1 回転させてできる立体の体積を求めなさい。ただし，円すいの体積は (底面積) × (高さ) ÷ 3 で求めるものとします。

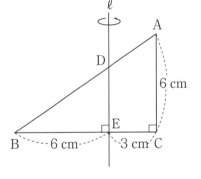

〈立教新座中学校　2021 年(改題)〉

回転体の体積を求める

　回転の軸(じく)に図形が重なっているタイプの問題は，このまま回転させると立体図形を正しくとらえることが難しいことがあるんだ。

　こういうときは，まず片方の図形をもう片方に折り返してあげよう。次ページの〈図 3〉のように，折り返した図形を考え，これを回転させてできる立体を考えればいいんだね。

解き方のヒント！

立体図形

第5講

回転体

199

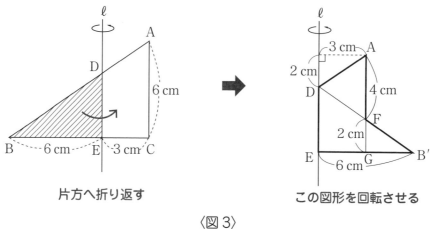

片方へ折り返す

〈図3〉

これをさらに，右の〈図4〉のように，△B'DE（ア）と
△ADF（イ）に分けて考えてみよう。

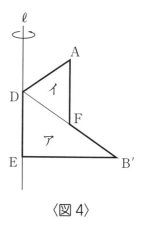

〈図4〉

　まず，**ア**の回転体の体積を求めよう。△ABC ∽ △DBE で，相似比は 9：6 ＝ 3：2 なので，**DE ＝ 4 cm** とわかる。この回転体は，底面が半径が 6 cm，高さが 4 cm の円すいなので，体積は，

$$6 \times 6 \times 3.14 \times 4 \times \frac{1}{3} = 48 \times 3.14 \, (\text{cm}^3)$$

になるね。

あえて × 3.14 の計算をしないことがポイントだよ。

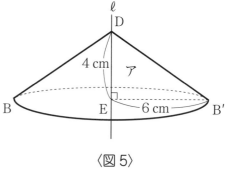

〈図5〉

次に**イの回転体**も考えてみよう。〈図3〉
で，DE＝4 cm で，FG＝2 cm となるから，
AF＝4 cm になるね。この回転体は，**底
面の半径が3 cm，高さが4 cm の円柱から，
底面の半径が3 cm，高さが2 cm の円す
いを2つ取りのぞいた立体になっている**
ね。

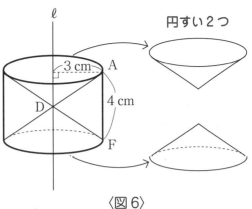

円すい2つ

〈図6〉

したがって，

$$3 \times 3 \times 3.14 \times 4 - 3 \times 3 \times 3.14 \times 2 \times \frac{1}{3} \times 2$$

$$= 36 \times 3.14 - 12 \times 3.14$$

$$= 24 \times 3.14\,(\mathrm{cm}^3)$$

となる。

よって，求める体積は，

$$48 \times 3.14 + 24 \times 3.14 = 72 \times 3.14$$
$$= 219.8 + 6.28$$
$$= \mathbf{226.08}\,(\mathrm{cm}^3)$$

答え

226.08 cm³

展開図の組み立て

問題1

図のように，1辺の長さが6cmの正方形1つと，直角二等辺三角形4つ，正三角形2つを並べると，ある立体の展開図になります。この図を組み立ててできる立体の体積は何cm³ですか。

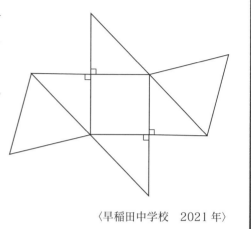

〈早稲田中学校　2021年〉

展開図の考え方

立体を組み立てるときに，頭の中で組み立てていくのはちょっと難しいよね。**どの辺とどの辺がくっつくのか**，意識しながら考えていこう。

まずは次の図のように，各面にAからGまで記号をふっておくね。そして，図の「くっつく」と書かれた辺どうしが，組み立てたときに重なる辺になっているね。

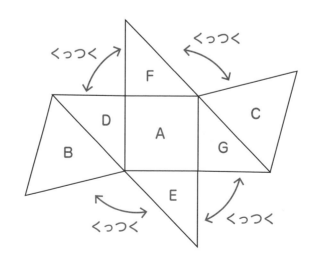

さて，まずはAを基準にして，これを底面においてみよう。そして，D，Eを次の図のように折り曲げてみよう。

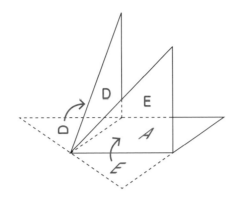

F，Gも同じように考えると，最終的に正三角形B，Cをくっつけることになるので，次の図のような立体になるはずだね。

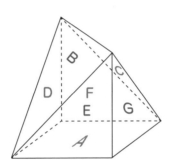

この立体は，**1辺の長さが6cmの立方体**から，**底面が直角二等辺三角形で高さが6cmの三角すいを2つ切り取ってできる立体**になっているね！

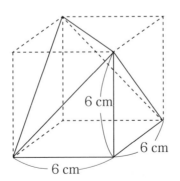

ということで，求める立体の体積は，

$$6 \times 6 \times 6 - 6 \times 6 \times \frac{1}{2} \times 6 \times \frac{1}{3} \times 2 = 216 - 72$$

$$= 144\,(\text{cm}^3)$$

答え

144 cm³

　次の図は立方体を一部切り取ってできる立体の展開図です。このとき，あとの問いに答えなさい。

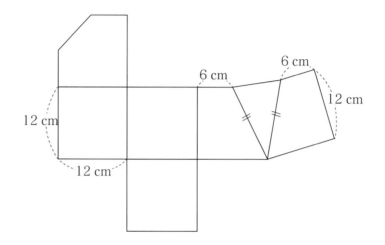

(1) この展開図を組み立ててできる立体は次の4つのうちどれか，番号を答えなさい。ただし，色のついた部分は切り取られた図形の断面です。

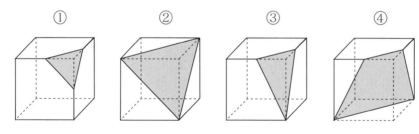

(2) この立体の体積は何 cm³ ですか。なお，三角すいの体積は「底面積×高さ×$\frac{1}{3}$」で求められます。

(3) この立体の表面積は何 cm² ですか。

〈かえつ有明中学校　2021年（改題）〉

◀ **（1)の解き方** ▷

　選択肢から選ぶだけなんだけど，この**展開図**を自分で組み立てられるようにしておき
たいね！

　まず，展開図を見ると，⬠が1つ，⬜が2つ，▽が1つあるから，選択肢と
してこれを満たしているのは③だね！

◀ **答え** ▷

③

◀ **（2)の解き方** ▷

　この立体は，次の図のように，**1辺の長さが12 cm の立方体から，底面が直角二等辺
三角形で高さが12 cm の三角すいを切り取ってできる立体**だね。

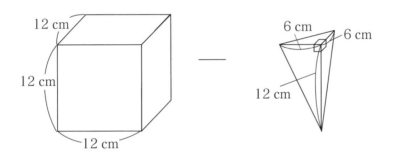

ということで，この体積は，

$$12 \times 12 \times 12 - 6 \times 6 \times \frac{1}{2} \times 12 \times \frac{1}{3} = 1728 - 72$$
$$= 1656 \,(cm^3)$$

◀ **答え** ▷

1656 cm³

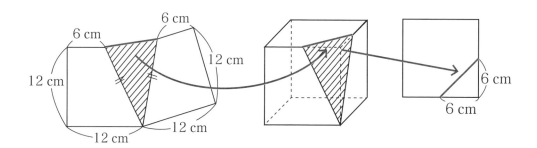

(3)の解き方

表面積を求めるときに重要になるのは，次の図の**斜線部の面積**だね。まず，この二等辺三角形の赤線で表した辺の長さは，直角をはさむ 2 辺の長さが 6 cm の直角二等辺三角形の斜辺の長さと等しいことがわかるね。

このことから，右の図のように，**斜線部の図形は正方形の中に見つけることができる**んだ。この面積は，1 辺が 12 cm の正方形の面積から，3 つの直角三角形の面積を引けばいいので，面積は簡単に求められるね。

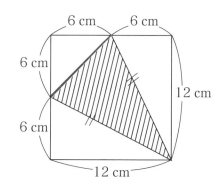

$$12 \times 12 - 6 \times 12 \times \frac{1}{2} \times 2 - 6 \times 6 \times \frac{1}{2}$$

$$= 144 - 72 - 18$$

$$= 54$$

それぞれの面の面積を合わせると，

$$\left(12 \times 12 - 6 \times 6 \times \frac{1}{2}\right) + \left(12 \times 12 - 6 \times 12 \times \frac{1}{2}\right) \times 2 + 12 \times 12 \times 3 + 54 = \mathbf{828} \, (\text{cm}^2)$$

答え

828 cm²

ところで，上の図の二等辺三角形は入試でよく出るんだ。この三角形は**正方形の面積の $\frac{3}{8}$ 倍になる**ことを覚えておくと，とても便利だよ！　もう一度まとめておこう。

まとめの図

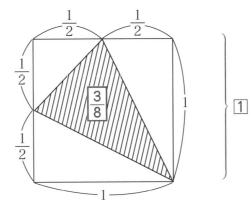

$$1 \times 1 - \left(\frac{1}{2} \times 1 \times \frac{1}{2} \right) \times 2 - \frac{1}{2} \times \frac{1}{2} \times \frac{1}{2}$$

$$= 1 - \frac{1}{2} - \frac{1}{8}$$

$$= \frac{3}{8}$$

1辺の長さが7cmの正方形ABCDの辺ADの真ん中の点をM，辺ABの真ん中の点をNとおきます。MN, CM, CNを折り目にして折り，三角すいを作ります。三角形CMNを底面としたとき，三角すいの高さを求めなさい。

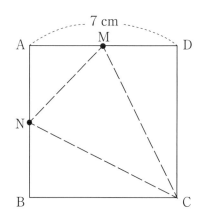

〈昭和学院秀英中学校　2022年〉

底面をかえて考える

問題2と非常に似ているね！　まず，組み立てた立体は次の図のようになるんだけど，これは立方体から切り取った形になっていることはもうわかるね！　A，B，Dは重なるので，この点をAとしておこう。

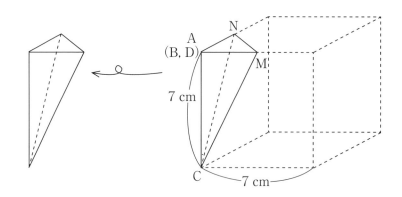

三角形CMNを底辺としたときの高さというのは，頂点Aから三角形CMNに下ろした垂線の長さということだね。これを直接求めることは難しいんだけど，次の図のように**底面をかえて体積を2通りで表してみよう！**

どちらで計算しても**体積は同じ**になるはずだよね。

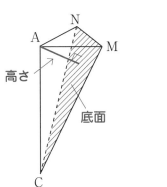

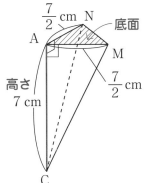

三角形 CMN の面積は，1 辺の長さが 7 cm の**正方形の面積の** $\dfrac{3}{8}$ **倍**だったから，

$$7 \times 7 \times \dfrac{3}{8} = \dfrac{147}{8} \ (\text{cm}^2)$$

△ CMN を底面と見て，体積を考えると，

$$\dfrac{147}{8} \times x \times \dfrac{1}{3}$$

△ AMN を底面と見て，体積を考えると，

$$\dfrac{7}{2} \times \dfrac{7}{2} \times \dfrac{1}{2} \times 7 \times \dfrac{1}{3}$$

となる。この 2 つは同じ体積を表しているから，

$$\dfrac{147}{8} \times x \times \dfrac{1}{3} = \dfrac{7}{2} \times \dfrac{7}{2} \times \dfrac{1}{2} \times 7 \times \dfrac{1}{3}$$

整理すると，

$$147 \times x = 7 \times 7 \times 7$$

となるね。よって，

$$x = \dfrac{7}{3} \ (\text{cm})$$

と求められるんだ。

底面をかえて，体積を 2 通りで表して垂線の長さを求める考え方は，非常によく使うので，しっかり復習しておこうね！

答え

$\dfrac{7}{3}$ cm

水量変化とグラフ

　図1のように縦30 cm，横60 cm，高さ40cmの直方体の水そう内に，側面と平行な高さの異なる仕切りを2枚つけます。水そうの底は仕切りで3つの部分に分かれるため，それらを左から順にA，B，Cとします。最初にAの部分だけに水がたまるように，この水そうに一定の割合で水を入れていきます。水を入れ始めてからの時間(秒)と，水そうの底から測った水面までの高さ(cm)の関係をグラ

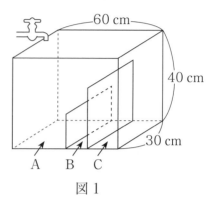

図1

フで表したところ，図2のようになりました。ただし，水そうや仕切りの厚さは考えないものとします。このとき，次の問いに答えなさい。

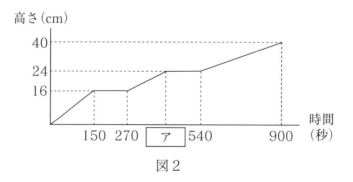

図2

(1) 水そうに入れる水の量は毎秒何 cm^3 ですか。

(2) 図2の ア にあてはまる数を答えなさい。

(3) ある日，空の水そうに(1)と同じように水を入れたところ，Cの部分の水そうの側面に穴があいており，一定の割合で水が漏れていました。その結果，水を入れ始めてからの時間(秒)と，水そうの底から測った水面までの高さ(cm)の関係をグラフで表したところ，図3のようになりました。このとき，水そうの底から穴までの高さを求めなさい。ただし，穴の大きさは考えないものとします。

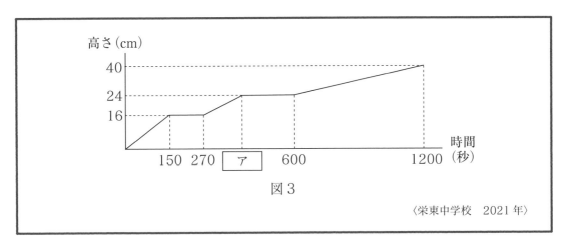

図3

〈栄東中学校　2021 年〉

今回は，**水量変化とグラフの融合問題**に取り組んでみよう！ ポイントを押さえていけば，決して難しくはないんだ。さっそく見ていこう。

◀ **(1)の解き方** ▶

水そうに入れる水の量なんだけど，これは仕切りの場所がよくわかっていないので，A，B，C のパートごとに見るのではなく，水そう全体で考えてみよう。

グラフを見れば，最終的に **900 秒で水そうが満杯**になったことがわかるよね。

つまり，900 秒でこの水そうが満杯になるようなペースで，蛇口から水が出ているんだ。

水そう全体の容積は，

30 × 60 × 40（cm³）

だよね。あえて計算をしないのがポイントだよ！

この量が 900 秒で満杯になったのだから，毎秒何 cm³ の水が出ていたかは，

(30 × 60 × 40) ÷ 900

という式で求めることができるね。

実際に計算をしてみよう！

$$(30 \times 60 \times 40) \div 900 = \frac{30 \times 60 \times 40}{900}$$
$$= 80 \,(\text{cm}^3/\text{秒})$$

答え

毎秒 80 cm³

(2)の解き方

では，次の問題はどうだろう。 ア にあてはまる数を求めるんだね，まずは**グラフの「どの部分」が「どこに水が入っているときか」を考える必要がある。**

グラフは，次の〈図1〉のように，①～⑤の部分に分けることができるね。そのそれぞれがA～Cのどこに水が入っている部分かを書いてみたよ。

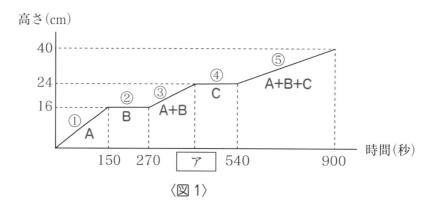

〈図1〉

AとBの仕切りを「**仕切りX**」，BとCの仕切りを「**仕切りY**」としよう。 ア はちょうど**AとBの部分に水が入り終わった時間**になっているね。

これを求めるためには，何がわからないといけないかな？

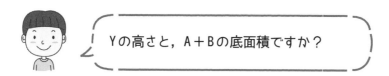

> Yの高さと，A＋Bの底面積ですか？

そうだ！ 仕切りの高さは，グラフを見れば，**X が 16 cm，Y が 24 cm** であることはわかるね。A，B，Cの部分の底面積も求めてみよう。

〈図1〉の①の部分を見ると，Aの底面と仕切りXで区切られた部分には 150 秒で満杯になることがわかる。(1)から，**毎秒 80 cm³ の水が入る**わけだから，この部分にたまる水の量は，

$$80 \times 150 \, (\text{cm}^3)$$

だね。ということは，これを仕切りXの高さ 16 cm で割れば，Aの底面積が求められるね。

$$(80 \times 150) \div 16 = 750$$

より，**Aの底面積は 750 cm²** だね！

同じように考えれば，Bの底面積も求めることができますね！

　そうだね！〈図1〉の②の部分を見ると，Bの底面と仕切りX，Yで囲まれた部分にたまる水の量は，

$$80 \times (270 - 150) = 80 \times 120 \,(\text{cm}^3)$$

なので，高さの16cmで割ると，

$$(80 \times 120) \div 16 = \mathbf{600} \,(\text{cm}^2)$$

がBの底面積になるね。

　これを〈図2〉のように表すととても便利なんだ。

　容器を真正面から見た状況を**面積図**で表すんだ。このとき，容積や水の量を面積で表していて，横の長さを底面積として表しているんだ。底面積，高さの情報に加えて，〈図1〉のグラフの番号も入っているよ。

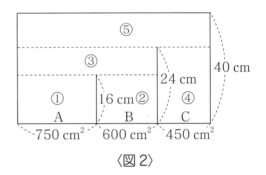

〈図2〉

水量変化は正面から見た状況の面積図を用いて考えるよ。

　また，この**水そう全体の底面積**は

$$60 \times 30 = \mathbf{1800} \,(\text{cm}^2)$$

だから，Cの底面積は，全体からA，Bの底面積を引くことで求めることができる。

$$1800 - (750 + 600) = \mathbf{450} \,(\text{cm}^2)$$

　これがCの底面積になるね。

　では，〈図2〉の③の部分に水がたまる時間を求めてみよう。これを求めれば，グラフの ア が求められそうだ。

　③の部分の容積は，

$$(750 + 600) \times (24 - 16) = \mathbf{1350 \times 8} \,(\text{cm}^3)$$

だから，この部分に水がたまる時間は，

$$(1350 \times 8) \div 80 = 135 \,(\text{秒})$$

つまり，水を入れ始めてから

$$270 + 135 = 405（秒後）$$

にＡ＋Ｂと仕切りＹで区切られた部分が満杯(まんぱい)になることがわかるね！ これが $\boxed{\text{ア}}$ だね！ 解答を確認しておこう！

ＡとＢの仕切りを仕切りＸ，ＢとＣの仕切りを仕切りＹとする。

ＡとＸで区切られた部分にたまる水の量は，

$$80 \times 150（cm^3）$$

よって，Ａの底面積は

$$(80 \times 150) \div 16 = 750（cm^2）$$

Ｂの底面と仕切りＸ，Ｙで囲まれた部分にたまる水の量は，

$$80 \times (270 - 150) = 80 \times 120（cm^3）$$

よって，Ｂの底面積は

$$(80 \times 120) \div 16 = 600（cm^2）$$

水を入れ始めてから270秒後から $\boxed{\text{ア}}$ 秒後までにたまる水の量は，

$$(750 + 600) \times (24 - 16) = 1350 \times 8（cm^3）$$

毎秒 $80\ cm^3$ ずつ水が入るので，この間にかかる時間は，

$$1350 \times 8 \div 80 = \frac{1350 \times 8}{80}$$
$$= 135（秒）$$

よって，

$$270 + 135 = 405（秒）$$

より， $\boxed{\text{ア}}$ にあてはまる数は 405

答え

405

(2)の別解

水を入れ始めてから **Ａ＋Ｂの底面と仕切りＹで囲まれた部分**（〈図2〉の①＋②＋③の部分）に入る水の量は，

$$(750 + 600) \times 24 = 1350 \times 24（cm^3）$$

であるから，水を入れ始めてからこの部分に水がたまるまでにかかる時間は，

$$(1350 \times 24) \div 80 = \frac{1350 \times 24}{80}$$
$$= 135 \times 3$$
$$= 405 \text{（秒）}$$

よって，　ア　にあてはまる数は 405

▶ **(3)の解き方**

最後の問題は少し難しいよね！ Ｃの部分の水そうの側面に穴があいているんだけど，穴の場所が底面から何 cm のところにあるかを求める問題だ。

まず，次の２つのポイントを押さえておく必要があるよ。

ポイント1 穴があいている位置より上の部分に水がたまるときは，どんどん水が抜けていくので水の高さが増えるスピードが遅くなる。

ポイント2 Ｃの部分に水がたまっていくとき，穴があいている位置より下の部分に水がたまるときは(2)までと同じように考えることができる。

つまり，〈図２〉の①，②，③のところは変化がなく，さらに④のところに水がたまるときも，穴があいている位置より下のところは変化がないんだ。ここをしっかりと理解していこう。

まず考えないといけないのは，「穴からどれくらいの量の水が流れ出るか」ということなんだ。改めて下の〈図３〉を見てみよう。

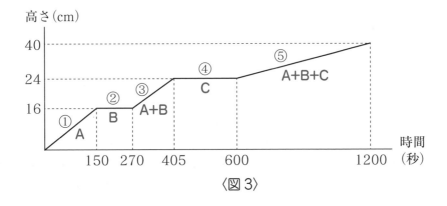

〈図3〉

〈図３〉の④の部分を見てみると，〈図１〉の④よりも長い時間がかかっているね。これは，穴があいている影響で，Ｃに同じように水がたまらなかったからだ。

だけど，ここだけを見ていても，穴からどれくらいの水が流れているかわからないし，

当然穴の位置もわからない。

では，〈図2〉の⑤の部分に水がたまる時間を考えてみよう。穴があいていないとき，〈図1〉より，

$$900 - 540 = \textbf{360（秒）}$$

だったけど，〈図3〉では，

$$1200 - 600 = \textbf{600（秒）}$$

かかっている。これは，⑤の部分のときは，ずっと穴から水が流れ続けていたからだね。

さて，〈図3〉の⑤の部分では，毎秒何 cm^3 の水がたまっていくのか考えてみよう。⑤にたまる水の量を，かかった時間の600秒で割ると求めることができる。

$$1800 \times (40 - 24) = 1800 \times 16\,(cm^3)$$

が⑤にたまる水の体積なので，

$$1800 \times 16 \div 600 = \textbf{48\,(cm^3/\,秒)}$$

これが，穴があいた位置より上に水がたまっていくときの，1秒あたりに増える水の量だね。もともとは毎秒 $80cm^3$ ずつ水が増えていたわけだから，

$$80 - 48 = 32\,(cm^3)$$

ずつ穴から水が流れ出ていることがわかる。

これらのことから，〈図2〉の④の部分は，右の〈図4〉のように，穴の位置より下の部分と穴の位置より上の部分で水のたまり方が異なっているんだね。

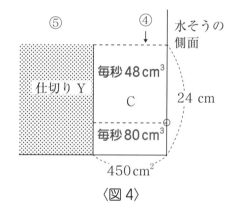

〈図4〉

④の部分に水がたまる時間は

$$600 - 405 = \textbf{195（秒）}$$

だね。④の部分の体積は，

$$450 \times 24 = \textbf{10800\,(cm^3)}$$

だから，穴の位置より下に水がたまる時間を求めてみよう。

これは，言い換えればこんな問題を考えるってことだ。

容積が $10800\,cm^3$ の水そうに，はじめ毎秒 $80\,cm^3$ で一定時間水を入れ，その後毎秒 $48\,cm^3$ で水を入れたところ，195秒で満杯になりました。毎秒 $80\,cm^3$ で水を入れていたのは何秒ですか。

あれ？ これって第2章の第1講でやった鶴亀算の問題2と同じ問題じゃないですか?!

よく気づいたね！ その通り，これは**鶴亀算を使って求めればいいんだ！** これは第2章の第1講でやった問題（→ 21 ページ）だから，同じように **45 秒**と求められるね！

つまり，④の部分で穴があいた位置より下の部分にたまる水の量は，$80 \times 45 (\text{cm}^3)$ だね！

ということは，底面から穴があいた位置までの高さは，

$$(80 \times 45) \div 450 = \frac{80 \times 45}{450}$$
$$= 8 (\text{cm})$$

と求めることができるんだ！

穴のあいた位置よりも上の部分に水がたまるとき，毎秒何 cm^3 で水がたまるか求めると，

$$1800 \times (40 - 24) \div (1200 - 600) = \frac{1800 \times 16}{600}$$
$$= 48$$

より，毎秒 48 cm^3 である。

C の底面と仕切り Y と水そうの側面で囲まれた部分の容積は

$$450 \times 24 = 10800 (\text{cm}^3)$$

この部分に水がたまる時間は，

$$600 - 405 = 195 (秒)$$

$$80 \times 45 + 48 \times 150 = 10800$$

より，毎秒 80 cm^3 で 45 秒，毎秒 48 cm^3 で 150 秒水を入れたことになる。

したがって，水そうの底から穴までの高さは，

$$80 \times 45 \div 450 = \frac{80 \times 45}{450}$$
$$= 8 (\text{cm})$$

 答 え

8 cm

> **結びにかえて**

　最後に，保護者の方へメッセージを送ります。

　中学入試「算数」というのは，非常に難解な問題が数多く出題されます。

　私はふだん，大学受験の数学の指導をメインで行なっていますが，大学入試の数学よりも難しい問題が出題されることもめずらしくありません。

　しかし，そういった問題に対して，「とりあえず点数を取るために解き方を覚えてしまおう」と言ったやり方は，かえって合格を遠ざけてしまいます。

　たまたま運よく中学入試を突破できたとしても，その後の数学の学習で必ずつまずくことになります。

　これは，小学生から高校生まで数多くの児童・生徒を指導してきた私の確固たる実感です。

　目先の点数にこだわることなく，**1問1問に真剣に向き合うよう**，お子様と伴走してあげてください。ときに，1問の復習に時間がかかりすぎて，やるべき宿題が全部できないこともあるかもしれません。模試で1問を深く考えるあまり，他の問題で時間が足りなくなり，とんでもない点数を取ることもあるかもしれません。

　しかし，お子様が**正しく算数の学習をしている限り**は，「よくここまであきらめずに考えたね！」と，ほめてあげてください。**その経験が，必ずお子様の今後の成長につながります**。

　本書を通じて，お子様が算数や数学との正しい向き合い方を身につける小さなきっかけになることを心から願っております。

　本書の執筆に際し，多くの方に支えていただきました。特に，木下勝先生には多くのアドバイスやフィードバックを頂きました。厚く御礼申し上げます。

　また，中々原稿が進まない私を根気強く支えてくれた語学春秋社編集部の奥田さんには多大なるご迷惑をおかけしました。奥田さんのおかげで，最後まで原稿を書ききることができました。本当にありがとうございました。

迫田 昂輝

さこだ こうき

　河合塾数学科講師，スタディサプリ中学講座数学講師。「算数が苦手な生徒に，まず算数を好きにさせる」，「子どもたちの真なる当事者意識に火をつける」をモットーに，大手学習塾・大手予備校にて，のべ2万人以上の生徒を指導。

　学習塾では講師の授業研修を担当し，自身も年間優秀講師に選ばれる。また教員向けのセミナー，講演など多数。全国の中学・高校教員の指導相談や授業技術の相談に乗りながら，自身も子ども達にとって最高の授業を追究するべく研鑽する毎日。

　YouTube チャンネル「数学・英語のトリセツ！」は，登録者20万人以上，総視聴回数4500万回以上。受験生とともに共通テストを受験し，どこよりも早くわかりやすい「解答速報・解説授業」をYouTubeでLIVE配信するのが毎年の恒例行事。

　2012年に日本の教育をもっとよくしていきたいという思いから起業，教員研修や保護者向けのセミナーなどを行う。動画付き参考書の制作，企画立案，教員研修事業や教材開発事業にも携わる。

　著書に「数学のトリセツ！」シリーズ（一般社団法人 Next Education，計6冊），「やさしくひもとく共通テスト数学」シリーズ（学研，2冊）などがある。AERA with Kids（朝日新聞出版）への記事掲載や，『自由自在』の増進堂・受験研究社が運営する保護者向け教育情報サイト manavi での連載記事などを担当。

CD05AB/B-B/Si

6段階 英語4技能時代に対応!!

マルチレベル・リスニング&スピーキング

> ドリルと並行して,CDの音声をくり返し聞き,ネイティブの発音やイントネーションに慣れていきましょう。ドリルを続けるうちに,"音と意味を結びつける力",また"自分の考えを英語でアウトプットする力"が身に付いてくるのを実感できるはずです。継続は力なり。ガンバリましょう!

著者:**石井雅勇**(代官山MEDICAL学院長)

小・中学生から大学受験生までトータルに学習できる、リスニング&スピーキング教材の革命です!

(1) あなたにぴったりのコースが用意されています。

(2) ひとりでどんどんレベルアップできる,詳しい解説付き。

(3) 各コースに全 20 回の豊富なドリルを用意しています。

(4) 「リスニング」は,開成高校・灘高校・桜蔭高校などのトップ進学校をはじめ,全国の進学校で使われてきました。

(5) 「スピーキング」は,音読の練習から意見の発表まで,バラエティに富んだ内容です。

(6) 英検・TOEIC®テストなどにも完成度の高い準備ができます。

6段階 マルチレベル・リスニング シリーズ

※レベル分けは，一応の目安とお考えください。

小学上級〜中1レベル
❶ グリーンコース
CD1枚付／900円＋税

日常生活の簡単な会話表現を，イラストなどを見ながら聞き取る練習をします。

中2〜中3レベル
❷ オレンジコース
CD1枚付／900円＋税

時刻の聞き取り・ホテルや店頭での会話・間違いやすい音の識別などの練習をします。

高1〜高2レベル
❸ ブルーコース
CD1枚付／900円＋税

インタビュー・TVコマーシャルなどの聞き取りで，ナチュラルスピードに慣れる訓練を行います。

共通テスト〜中堅大学レベル
❹ ブラウンコース
CD1枚付／900円＋税

様々な対話内容・天気予報・地図の位置関係などの聞き取りトレーニングです。

難関国公私大レベル
❺ レッドコース
CD1枚付／900円＋税

英問英答・パッセージ・図表・数字などの様々な聞き取りトレーニングをします。

最難関大学レベル
❻ スーパーレッド
コース
CD2枚付／1,100円＋税

専門性の高いテーマの講義やラジオ番組などを聞いて，内容をつかみ取る力を養います。

全コース共通
リスニング・
ハンドブック
CD1枚付／900円＋税

リスニングの「基本ルール」から正確な聞き取りのコツの指導まで，全コース対応型のハンドブックです。

6段階 マルチレベル・スピーキングシリーズ

※レベル分けは，一応の目安とお考えください。

小学上級～中1レベル
❶ グリーンコース
CD1枚付／1,000円＋税

自己紹介やあいさつの音読練習から始まり，イラスト内容の描写，簡単な日常表現の演習，さらには自分自身の考えや気持ちを述べるトレーニングを行います。

中2～中3レベル
❷ オレンジコース
CD1枚付／1,000円＋税

過去・未来の表現演習から始まり，イラスト内容の描写，日常表現の演習，さらには自分自身の気持ちや意見を英語で述べるトレーニングを行います。

高校初級レベル
❸ ブルーコース
CD1枚付／1,000円＋税

ニューストピック・時事的な話題などの音読練習をはじめ，電話の応対・道案内の日常会話，公園の風景の写真説明，さらにはインターネット・SNSなどについてのスピーチトレーニングを行います。

高校中級レベル
❹ ブラウンコース
CD1枚付／1,000円＋税

テレフォンメッセージ・授業前のコメントなどの音読練習をはじめ，余暇の過ごし方・ショッピングでの日常会話，スポーツの場面の写真説明，さらに自分のスケジュールなどについてのスピーチトレーニングを行います。

高校上級～中堅大レベル
❺ レッドコース
CD2枚付／1,200円＋税

交通ニュースや数字などのシャドーイングをはじめ，写真・グラフの説明，4コマまんがの描写，電話での照会への応対及び解決策の提示，さらには自分の意見を論理的に述べるスピーチのトレーニングを行います。

難関大学レベル
❻ スーパーレッドコース
CD2枚付／1,200円＋税

様々な記事や環境問題に関する記事のシャドーイングをはじめ，講義の要旨を述べる問題，写真・グラフの説明，製造工程の説明，さらには1分程度で自分の意見を述べるスピーチのトレーニングを行います。

全コース共通
スピーキング・ハンドブック
CD3枚付／1,600円＋税

発音やイントネーションをはじめ，スピーキング力の向上に必要な知識と情報が満載の全コース対応型ハンドブックです。